村镇生态环境支撑系统建设研究

段学军　陈维肖　秦贤宏　著

科学出版社

北　京

内 容 简 介

建设社会主义新农村是我国现代化进程中的历史任务。为适应新时期中国村镇建设与发展的需要，本书在学习我国村镇建设经验与研究的基础上，总结自身研究与实践工作编写而成。本书主要内容包括新时期村镇生态环境支撑系统基本理论、村镇生态环境支撑系统评价指标体系、村镇生态环境支撑系统建设思路与目标、支撑村镇发展的宏观生态格局、支撑村镇发展的资源可持续保障、支撑村镇发展的生态产业体系、支撑村镇发展的环境保护体系、村镇生态人居环境建设、村镇生态文化体系建设和村镇生态环境政策制度保障等内容。

本书可供从事村镇规划与建设的专业技术人员使用，也可供各级村镇规划与建设的管理人员参考，亦可作为村镇规划与建设专业的参考书。

审图号：宁 S（2018）032 号

图书在版编目（CIP）数据

村镇生态环境支撑系统建设研究/段学军，陈维肖，秦贤宏著. —北京：科学出版社，2019.6

ISBN 978-7-03-057834-1

Ⅰ. ①村… Ⅱ. ①段… ②陈… ③秦… Ⅲ. ①城乡建设-生态环境建设-研究-中国 Ⅳ. ①X321.2

中国版本图书馆 CIP 数据核字（2018）第 129209 号

责任编辑：周 丹 沈 旭/责任校对：杨聪敏

责任印制：徐晓晨/封面设计：许 瑞

科 学 出 版 社出版

北京东黄城根北街 16 号

邮政编码：100717

http://www.sciencep.com

北京凌奇印刷有限责任公司印刷

科学出版社发行 各地新华书店经销

*

2019 年 6 月第 一 版 开本：720×1000 1/16

2020 年 4 月第二次印刷 印张：12

字数：250 000

定价：99.00 元

（如有印装质量问题，我社负责调换）

前　　言

我国是一个农业大国，在我国广袤的国土上，星罗棋布地分布着大量的村镇。村镇是在原有的气候、土壤、地貌等自然条件的基础上汲取人类文化后形成的，其在充当生态系统物质流和能量流的载体的同时，也是社会文化系统的信息源。因此，村镇是一个复合生态系统，包括自然、经济和社会三大子系统，通过物质循环和能量及信息流动，实现生产、生活和生态功能的高效和谐发挥。村镇作为人类社会、政治、经济、文化等最基本的活动单元，其发展是我国社会、经济、文化发展的基础和支撑。

村镇发展的方向、进程和面貌更多地受人为因素的调控，但村镇区域所涉及的空间范围，应该是构成村镇完整生产–生活系统的“面”，即村镇对外联系所涉及的空间范围与村镇内部系统运行所涉及的空间范围之和。村镇生态环境与所处区域的自然环境具有天然的密切关系，其保育与发展需要多种要素构成的支撑体系。因此，村镇生态环境支撑系统是一种由自然、经济、社会三个子系统组成的复合系统，在整体尺度上与城乡生态空间互联互通，承担着自然生境和生态服务两大功能，同时也是城市居民来到村镇体验绿色生态、自然生活的主要载体，为绿色生产和乡村旅游创造了空间和平台。可见，村镇的生态环境支撑系统具有供给生存及生产资源、提供产品的第一性生产、保护及维护生态环境，以及作为一种特殊的旅游观光资源等多个层次的功能，其建设关乎区域生态环境与生态格局的质量和村镇的整体发展水平。

在几千年的历史进程中，村镇和城市一样经历了巨大的变革和演进。随着我国农村改革的深入，农村产业及社会结构快速转变，农村的非农生产要素加速向乡镇流动，主要的经济活动开始向乡镇集中。乡镇企业的快速发展带来了自然资源的过度消耗、环境污染恶化等问题，村镇生态系统结构和功能日益退化。1997年后，国家在政策方面日益加大对大城市之外的小城镇和农村的关注力度，也清醒地认识到快速经济发展下村镇生态环境系统日益恶化已严重制约村镇可持续发展的严峻现实，开始逐步调整以现代化建设为主体的村镇发展战略。从国家到地方，“生态村镇”“低碳绿色村镇”等示范化工程带来了我国村镇发展与建设的新思路、新模式，也给村镇生态环境支撑系统的建设指明了新的发展方向。21世纪的村镇建设是社会主义物质文明与精神文明高度结合的现代化建设，兼顾社会、经济、资源和环境的发展。随着城镇化进程的加快，城市与村镇之间、村镇与村镇个体之间的联系不断加强，村镇生态环境支撑系统建设已经逐渐突破单一村镇行政空间的建设，逐步向区域整体生态建设、构建村镇生态安全格局的方向转变。其内容也已从原来单一服务模式向多元化模式发展，转向注重自然—经济—社会复合效益的发展模式。

从村镇生态环境支撑系统自身特性与功能、村镇发展面临的现实问题与村镇建设趋势来看，三者均对村镇生态环境支撑系统的建设提出了现实且迫切的需求。由此可见，对于村镇生态环境支撑系统及其建设的研究是促进村镇可持续利用及发展的关键。在生态学、景观生态学、产业生态学以及可持续发展等理论的基础上，本书对村镇生态环境支撑系统的内涵与外延进行了扩展。内涵上，村镇生态环境支撑系统突破了农业生态系统，将村庄建设、人居环境、生态文化与社会生态等方面纳入建设体系，试图构建和谐的村镇自然—经济—社会复合生态系统；外延上，村镇研究对象包含整个乡村区域，是在城乡一体化框架下与城市相对应的广大区域，是所有乡村的集合。以上述理论为指导，本书在第一至三章尝试建立村镇生态环境支撑系统的基本理论框架，基于对我国村镇生态系统所面临的具体问题及其成因的分析，选取并构建要素指标体系，进行村镇生态环境支撑系统评价研究，确立村镇生态环境支撑系统建设思路与目标，以期通过村镇生态系统结构调整与功能整合、村镇生态文化建设与生态产业的发展，在实现村镇社会经济与村镇生态环境有效协调发展的基础上，进一步促进村镇经济的发展。

村镇及村镇生态环境支撑系统建设离不开科学有效的空间规划指引，在理论研究的基础上，对村镇生态环境支撑系统的模式设计最终还要分解为各个要素，生成可操作、可实施的工程体系，然后对每个要素按照理论及规划设计的原则与方法进行设计。而现行村镇规划关注重点在镇区、乡政府驻地和中心村，就广大的县域、镇域、乡村乃至国家层面涉及区域和空间发展要素的挖掘、控制和管理均严重不足，结合农村特点对构成农民完整生产-生活系统的“面”（农村地域）的规划严重缺乏。因此，本书在村镇聚落、农业和自然环境所构成的县域尺度上，以江苏省溧水区为例，在第四至十章分别从宏观生态格局、资源可持续保障、生态产业体系、环境保护体系、人居环境建设、生态文化体系建设、生态环境政策制度保障等方面全面且深入地探讨村镇生态环境支撑系统的评价理论体系，为村镇的人居生活品质和生态安全，在规划设计上提供一种理论以及规划方法和过程支持。鉴于涉及数据类别众多，实现全面收集较为困难，主要使用 2010 年的各项数据，作为本书实证及分析测算部分的支撑。

村镇作为与大自然最亲近的人居环境，村镇生态环境支撑系统的建设是我国村镇人居环境建设的重要组成部分，直接决定着我国村镇居民的生活生产质量，也直接对村镇的总体发展质量带来影响。现代化的村镇生态环境支撑系统建设应在保留传统文化特色和历史遗存的基础上，在与自然和谐共存的基础上，以科学的、可持续发展的理论为指导，讲求村镇建设的研究与实践投入的科学性和合理性，充分挖掘村镇生态环境系统的生态、经济和社会效益，在促进县域村镇经济发展的同时，对现有村镇生态环境资源进行有效保护与合理利用，保障村镇发展的社会公平与文化延续，最终实现经济社会与资源环境的协调和人与自然和谐共处，达到自然—经济—社会复合系统的整体效益最优，真正实现可持续发展。

本书在国家重点研发计划“绿色宜居村镇技术创新”重点专项项目“村镇建设资源环境承载力测算系统开发”（2018YFD1100100）的资助下完成。本书的撰写得到案例区（溧水）环保、规划、国土、农业等管理部门的支持，在此一并表示感谢！全书由段学军负责总体设计与统筹工作，主要撰写人员包括段学军、陈维肖、秦贤宏。

作　者

2019 年 1 月

目　　录

第一章　绪　　论

第一节　村镇生态环境支撑系统的概念与框架

一、村镇的定义及起源

1. 村镇的定义

村镇是从居民点发展而成的，居民点就是聚落，聚落是人类各种形式聚居地的总称。依据自身政治、经济地位、人口规模及其特征，我国的居民点可分为城镇型居民点和乡村型居民点两大类。城镇型居民点包括城市（特大城市、大城市、中等城市、小城市）和城镇（县城镇、建制镇）；乡村型居民点包括乡村集镇（中心集镇、一般集镇）和村庄（中心村、基层村）（金兆森等，2010）。

村镇，在故有的城乡二元化观念和格局下，是与城市相对的一个概念，是城市以外的地域，是由农村生态环境系统和经济社会系统组成的复合体。村镇的定义有广义与狭义之分，广义上的村镇包含以上城镇与乡村两部分，指县城镇、建制镇、集镇和村庄四种类型的居民点。由于县城镇已具有小城市的大部分特征，因此，狭义的村镇指建制镇、集镇和村庄三种类型的居民点。

（1）建制镇一般为村镇区域范围内政治、经济、文化和生活服务的中心；

（2）集镇基本上是由普通集市发展而来，通常是乡政府驻地或处于若干中心村的中心位置，是社会和生产活动中心；

（3）中心村一般是当地村委会的所在地，是农村中从事农业、家庭副业的工业生产活动的较大居民点，具有为本村及邻近基层村、自然屯服务的基础设施；

（4）基层村是村镇体系中级别最低的一类居民点，也称自然村，是农村中从事农业、副业的家庭生产活动的最基本的居民点。

由此可见，“村镇是一定区域的党政领导中心、商品流通中心、消费中心、村镇企业的集中点和文化教育中心，是城乡经济的纽带，同时也是农村剩余劳动力的汇集点”（金兆森等，2005）。村镇不同于农村和城镇，农村是以从事农业为主的农民聚居地，人口呈散落居住形式；城镇通常是以从事非农业为主的，并且具有一定规模的工商业的居民点；而村镇是以农、林、牧、渔业为主，同时第二和第三产业并有发展的居民聚集地，可以说村镇是农村走向城镇的过渡阶段。如果村镇的产业性质由以农作物为主转变为以工商业为主，且人口超过一定数量，村镇就转变为城镇，农村、村镇、城市的界限划分需要根据社会发展时局而定。

本书中，村镇的概念采取的是村镇区域的概念，是从村镇的区域性衍生出来，相对于只作为聚落的“村镇”这一概念而言的。村镇区域既包括“村镇”聚落，也包括与“村镇”聚落密切相关的环境，从理论上来说，村镇区域应该是村镇发展的区域性所涉及的空间范围之和。由于村镇规模尺度通常较小，且村镇在生态环境、自然资源、产业体系、政策制度等方面与县域联系极为密切，甚至存在天然的子集与从属关系，难以对作为本书研究对象的村镇生态环境支撑系统进行全面分析，因此，在本书中，研究的空间范围为县域。考虑到县域空间的完整性，本书的村镇指广义的村镇区域，包括县域内的县城镇、建制镇、集镇和村庄四种类型的居民点，其中县城镇和建制镇属于城镇型居民点，集镇和村庄属于乡村型居民点。在后文研究中，如无特别说明，均采用这一解释。

2. 村镇的起源

村镇并不是一开始就有的，而是由居民点逐渐演化形成而来的。在人类的发展史上，居民点的形成与发展是社会生产力发展到一定阶段的产物和结果。原始社会时期，社会生产力水平极其低下，生产工具十分简陋，人们依靠狩猎、捕鱼、采集野果维持最简单的生活。在这种生产方式下，人们没有固定的居所，多集居在洞穴中。在和自然界长期的斗争中，人类祖先逐渐学会栽培植物，生产工具得到改进，社会生产能力提升，于是形成人类历史上第一次社会大分工，农业与畜牧业分离开来形成单独的体系。由于农业的产生与进一步发展，人类摆脱了游牧时期对劳动对象流动性的依赖，开始选择适宜的土壤进行耕作并定居，固定居民点形成，并逐渐发展成为聚落。聚落不只是房屋建筑的集合体，同时也包括了与居住地直接或者间接有关的其他生活生产设施。生产力的发展，特别是农业劳动生产率的提高，使生产的农产品除农民自身消费外有了更多剩余可用于交换。人类的第二次社会大分工随之出现，即手工业与农业、畜牧业的分离，促进了交换行为的扩大和数量的增加。原有的交换方式不再适应交换发展的需要，集市作为相对固定的交易场所出现，居民点开始分化，形成了以农业为主的乡村和以商业、手工业为主的城市，集镇等各类居民点也逐渐形成，构成居民点体系。

就我国而言，原始的居住形式有穴居、巢居、半穴居、地面建筑等，其中以穴居及巢居存在的时间最为漫长，古代相关记载如《易经·系辞》中的“上古穴居而野处，后世圣人易之以宫室”，《墨子·辞过》中的“古之民，未知为宫室时，就陵阜而居，穴而处……”，《新语》中的“天下人民，野居穴处，未有室屋，则与禽兽同域。於是黄帝乃伐木构材，筑作宫室，上栋下宇，以避风雨”。之后才逐步发展成为半穴居以及地面建筑。从远古时期到现代这个漫长的演变过程中，我国现代意义上的村镇的产生是在10世纪前后的宋代，是在唐朝末期农村出现的大量居民聚居地和草市的基础上，随商品经济的发展而形成的日常生活、商业和社交的场所。明清时期，社会经济加倍繁荣发展，各地新兴城镇出现，发展速度较快，规模、密度等都有所增加。在我国现存的传统村镇聚落当中，绝大部分村镇的建筑风格形态以及分布格局都是在这一时期形成并存留下来的。1949年中华人民共和国成立以来，中国进入了新的发展时期，从以往长期维持着土地私有制的时期到新中国成立后的土地改革、社会主义过渡、人民公社、改革开放、新农村建设等不同时期，村镇经历了许多重大的变迁，城镇化水平经历了从缓慢发展到迅速提升的一系列发展过程。虽然近年来向城市地区转移的村镇人口逐渐增多，农村地区人口有所减少，但目前村镇仍然是我国最主要的居民点，承载着我国广大居民的聚居功能，其重要性不可忽视。

二、村镇生态环境支撑系统的基本框架

区域发展一定是建立在区域自然生态、区域人文生态、区域经济生态的形成、发展、约束的基础之上，村镇也是如此。村镇作为人类社会、政治、经济、文化等最基本的活动单元，是一种复杂的复合型人类共同生活与经济活动的聚居地，其自身也属于众多生态系统的种类之一。村镇这一生态系统是指在一定的村镇范围内，占据支配地位的人与各种生物和环境相互作用、相互协调的有机整体。然而，村镇本身并非一个完整的、自我稳定的生态系统，这是由于其过渡性、规模尺度和与自然环境的关系所决定的。第一，村镇是农村与城市的过渡生态系统类型，其与农村、城市的界限需要根据发展状况来判定；第二，村镇规模通常较小，具有人们生活和生产步行可达的小尺度，因此，村镇的生态环境系统由于规模小、发展水平低，类似于一叶小舟淹没在农村生态系统的海洋中；第三，不同于城市生态系统这类人工化的生态系统，村镇周围通常被乡村田野和自然山水景观所包围，是当地自然环境的一部分。并且，在人与自然长期适应的过程中，村镇逐渐形成了以人的聚居为中心，以建筑群、周边农田、水源、林地等为生产资源的完整性空间形态，因而村镇生态环境的开放度高于城市，自然性的一面更强。

通过上述对村镇生态系统特性的分析，我们可以发现，一方面，村镇所需的物质和能量都来自周围其他系统，其状况如何往往取决于外部条件；另一方面，村镇也具有生态系统的某些特征，如组成村镇的生物部分，除人类外还有植物、动物和微生物，能够进行初级生产和次级生产，并具有物质的循环和能量的流动，但这些作用都因人类的参与而发生或大或小的变化。此外，村镇与周围其他的生态系统存在着千丝万缕的联系，它们之间彼此相互影响，相互作用。由此可见，村镇生态系统是一种较为脆弱的、开放的、动态的自然-人工复合生态系统，其发展需要多种要素构成的支撑体系。

本书认为，村镇生态环境支撑系统是实现村镇复合生态系统（村镇）健康、稳定、可持续发展的支撑系统，是一种由自然生态、经济、社会三个子系统组成

的复合系统，各子系统的生存和发展都受其他系统结构与功能的制约，三个子系统之间具有互为因果的制约和互补的关系（图 1-1）。村镇生态环境支撑系统的建设就是通过结构整合和功能整合，协调三个子系统及其内部组分的关系，使三个子系统和谐有序，从而实现村镇复合生态系统的可持续发展，以及内部功能与外部功能的稳定与最大发挥。三个子系统的内涵具体概述如下：

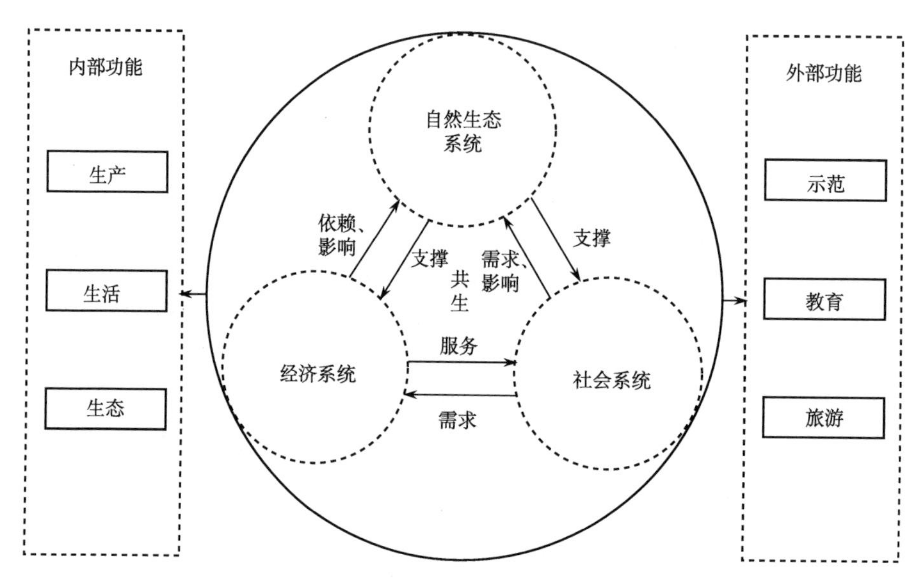

图 1-1　村镇生态环境支撑复合系统示意图

1. 自然生态子系统

自然生态子系统是由水（水资源、水环境）、土（土壤）、气（大气和气候）、生物（植物、动物、微生物）、矿产及其之间的相互关系来构成人类赖以繁衍的生存环境，其中草地、水体、林地及农田等生态单元承载着自然生境和生态服务两大功能，对于调节村镇生态环境、保护生物多样性、维持景观系统健康运转具有重要意义。同时，自然环境空间因其分布分散、空间距离适宜的特性而拥有相对较大的环境容量，可对村镇活动起到支持、容纳、缓冲及净化的作用。

村镇自然生态子系统具有不稳定性、可塑性、人工性、地带性、高产性等特点，该系统为人类生产与生活提供能源、资源和空间，制约人类发展的规模，支撑区域社会与经济活动。因此，自然生态子系统是村镇存在、分布和发展的物质基础，也决定着村镇的规模、特征和发展方向。

2. 经济子系统

经济子系统是人类主动地为自身生存和发展组织有目的的生产、流通、消费、还原和调控活动，以满足自身发展的需要（王如松和欧阳志云，2012）。经济子系统在村镇生态环境支撑系统中占据核心地位，由直接生产部门、生产服务部门和生活服务部门组成，直接决定了村镇经济实力与技术水平的高低。在经济子系统中，人们利用工具与技术，将自然界的物质和能量加工成各类产品，从而形成了生产系统；生产规模逐渐扩大，生产要素和产品需要交换和流通，形成流通系统；人类需要物质消费，精神享受，形成了消费系统；人类使用后的“无用品”再还原到自然生态系统中进入循环，包括生命的循环，就形成还原系统；最后，经济子系统中的调控系统包括人的行为调控、市场经济调控、自然调节、政府的行政调控等。

经济子系统是复合系统内为人类个体和集体谋求福利的系统，同时也是人类与自然生态子系统之间发生关系的重要桥梁。一方面，人类的经济活动是从大自然获取能源和资源的主要方面，也是对环境影响和破坏的主要因素；另一方面，经济发展水平的提升也强化了人们处理好人类社会与自然环境关系的能力。因此，经济子系统的水平和结构直接影响和制约着人类与环境的关系，同时，经济的发展也是社会进步和人类生态系统演进的主要动力（王亚力，2010）。

3. 社会子系统

社会的核心是人，人的观念、体制和文化构成复合生态系统的社会子系统。首先是人的认知，包括哲学、科学和技术等；其次是体制，是由社会、法规、政策等组成的；最后是文化，是人长期形成的观念、伦理、道德、信仰等。

社会子系统的最核心功能是能够维持复合生态系统的协调和平衡。一方面，要保持人与人之间、地区与地区之间的平衡；另一方面，要保持人类社会与自然环境之间的平衡。人类的言行受文化传统、道德规范与法律法规的影响，其程度取决于人类的文化背景与能力水平。人类与自然界之间关系的和谐与否，关键在于生产力水平和对自然规律掌握程度的高低，以及人类对待自然的态度。因此，社会子系统可为村镇向现代化、可持续化和生态化的转变提供可持续的精神动力、智力支持与制度保障。

对于城市、村镇等区域来说，其实质是由人类活动的社会属性以及与自然环境的互动中所产生的关系共同构成的复合生态系统，该系统的健康、稳定和可持续发展需要通过以上村镇生态环境支撑系统中的三大子系统自身及之间的不断完善与协调来实现。在村镇生态环境支撑系统中，人类一切活动必须在自然生态系统及社会系统所允许的范围与界限内，只有这样，人类才能在充分利用生态资源的同时获得发展的可持续性，村镇复合生态系统才能得到健康、可持续的发展。村镇生态环境支撑系统建设就是具体通过生态规划、生态工程和生态管理等手段，将单一的生物环节、物理环节、经济环节和社会环节组装成一个具有强生命力的自然—经济—社会系统，从而为村镇及村镇生态环境的可持续发展提供支撑。

第二节　村镇生态环境支撑系统基础理论

村镇生态环境支撑系统的研究与实践是实施可持续发展战略的重要组成部分，是一项复杂的系统工程，必须在有关理论的指导下开展。

一、生态经济学理论

（一）理论概述

生态经济学的概念是由肯尼斯博尔于20世纪60年代末在《一门科学——生态经济学》论文中首次提出来的（王国栋，2002）。生态经济学是生态学和经济学相互交叉、渗透，并有机结合形成的新兴边缘科学，它将生态学的基本原理与经济学的理论相结合，以人类的社会经济活动为中心，研究地域生态经济系统的结构、功能与机制，揭示生态经济运动和发展的客观规律，为规划设计地域生态经济发展的前景提供了理论依据和有效方法。其主要研究内容包括生态经济规律及各种生态系统与经济发展的关系和作用、生态价值及其计量，以及生态破坏成本与补偿标准的研究和确定等（王玉庆，2002）。

生态经济学研究的核心是生态与经济的关系问题。该理论认为，在任何物质生产活动中，都存在着自然再生产和经济再生产相互制约、相互影响的作用，其中自然再生产是经济再生产的基础和前提条件，两者的本质是质量、能量与信息的转化和流动；而人类自身的再生产，即人口增长是联系经济再生产和自然再生产的中间环节，劳动是沟通两种再生产的桥梁，如果劳动只是简单地向自然界掠夺，破坏自然再生产的能力，则经济再生产将无法维持，人类自身再生产也将难以维系。因此，在经济活动中，要树立新的资源观、价值观和效益观，全面变革劳动过程，把对生态的影响控制在一定范围内，实现对自然界的开发和对自然界的补偿同步增长，维持生态系统的平衡性和稳定性。

运用生态经济学的基本观点来指导村镇生态环境支撑系统的研究与实践，就要在研究和实践过程中既遵循经济规律，也遵循生态规律，将生态与经济的协调作为核心任务，在村镇区域范围内建立健全的循环经济体系，大力发展生态效益型经济，走可持续发展道路，实现村镇社会效益、经济效益和生态效益的最佳统一。

（二）生态经济学理论的指导作用

1. 生态经济学系统理论要求村镇建设生态化必须全方位推进

作为村镇发展的支撑系统，村镇生态经济系统是由多个子系统通过一定的技术路径耦合而成的系统，各子系统通过物流、能流、信息流、价值流和人流的运动相互作用。在村镇生态经济系统的运行中，任何一个子系统或一条技术路径发生问题，都会产生相邻效应并影响整个系统的运行。因此，根据生态经济学系统理论，村镇建设生态化不能搞单项突进，必须力求全方位推进，这样才能取得好的成效。

2. 生态经济平衡理论要求村镇生态建设过程中处理好平衡和协调的关系

生态经济平衡是以生态平衡为基础，并与经济平衡有机结合的平衡形态。没有生态平衡，经济平衡就会受影响，整体平衡就不存在，它是一个从低级平衡向高级平衡不断演进的过程，是可调控的动态平衡。在遵循生态经济规律的前提下，可借助科学技术、管理手段与经济水平，调控村镇生态经济系统的运行，使其保持动态平衡状态。因此，村镇发展必须确立整体平衡的观念，把握动态平衡的方向，充分利用可调控平衡的特点，以村镇生态经济建设促进区域整体生态经济平衡。

3. 生态经济综合效益理论是检验村镇生态建设成果的最主要依据

村镇生态建设不仅仅局限于污染治理、环境保护和绿化等村镇“硬”环境的生态建设，还包括产业结构、能源结构与技术结构等“软”环境的生态化调整和升级换代，多头并举，共同促进村镇生态经济系统的良性发展。村镇发展追求的是生态经济综合效益最佳，即实现经济效益、社会效益和生态效益的“三赢”。因而，生态经济综合效益可以作为评价村镇生态建设成果的最有力依据。

二、可持续发展理论

1. 理论概述

现代可持续发展的思想主要源于20世纪70年代初关于“增长的极限”的讨论（WCED，1987），其“可持续发展”理念是在1992年联合国在巴西召开的“环境与发展”大会上提出来的。可持续发展的内涵包括以下三点：一是以发展为核心，可持续发展的最终目标是“不断满足人类的全面需要”，而只有发展才能满足人们的需要；二是以协调为目标，主要指人与自然之间的协调和人与人之间的协调，并强调公平性，资源分配问题是可持续发展的关键问题；三是以限制为手段，必须将人类活动限制在生态可能的范围之内，保护和加强环境系统的生产和更新能力。由此可见，限制是可持续发展重要的调控手段。

区域可持续发展理论的出发点是要协调好人口、资源环境与发展的关系，核心是协调人与自然（地）的关系，使之处于和谐与共生的状态。可持续发展的标志是资源的永续利用和良好的生态环境，目标是谋求社会的全面进步。只有社会长期与环境、资源、经济保持协调统一，包括社会、经济与环境的协调发展，世界、国家和地区三大层次的协调发展，以及国家或地区内部资源、环境、经济、社会及阶级阶层间的协调发展，社会才能符合可持续发展的要求。

村镇生态环境系统本身是一种人地关系系统，体现人与自然之间的和谐、发展主体之间的公平性以及发展的持久性。运用可持续发展理论指导村镇生态环境支撑系统的研究与实践，就要强调发展的公平性、持续性与和谐性，不以牺牲环境换取发展，做到人类经济社会发展与人口、资源和环境的和谐，实现近期与长期发展的统一、发展与保护的统一。

2. 可持续发展理论的指导作用

可持续发展理论给予了村镇发展更丰富的内涵，促进了村镇这个人工复合生态系统的良性循环。村镇可持续发展是一种崭新的发展观，是可持续发展思想在村镇领域的应用，是在充分认识到各种发展问题及其原因的基础上，寻找到的一种新的村镇发展模式，它在强调社会进步和经济增长重要性的同时，更加注重村镇质量的不断提升，包括村镇环境、村镇生态结构、村镇建筑、村镇精神文化等各方面，最终实现村镇社会、经济、生态环境的均衡发展。

可持续发展具有时空性，在不同的发展阶段以及不同的区域，村镇可持续发展具有不同的内容和要求；不仅要满足当代人、本村镇的发展要求，还要满足后代人、其他村镇及相关地区的发展要求。强调人口、资源、环境、经济与社会之间的相互协调，其中环境可持续发展是基础，经济可持续发展是前提，资源可持续利用是保障，社会可持续发展是目的。由各级政府借助一定的发展战略与政策来实施，通过限制、调整、重构、优化村镇系统的结构和功能，推动村镇可持续发展，使其物质流、能量流、信息流永续利用，具体表现为村镇经济增长速度快、经济发展质量好、环境美观、生态环境状况良好、人民生活水平高、社会治安秩序佳，以及抵御自然灾害能力强。

三、生态社会学理论

在传统的社会学中，自然界被解释为某种游离于社会，或是包围在社会外部的一种“环境”，甚至被看作某种根本不存在的东西。在现代科学诸如自然科学、数学科学、社会科学、系统科学与行为科学等相互交叉与综合发展的过程中，生态学与各门科学的融合渗透尤为突出与强烈。从社会角度解释生态知识这一需求，首先是从社会学本身出发的。鉴于传统社会学的局限性，社会学研究提出了新的要求，即从社会学的角度来研究“社会-自然界”这样复杂的社会生态系统。生态社会学成为一门独立的社会学学科，是“生态问题社会学”形成的一个阶段，而在社会学角度上，是掌握社会问题本身——生态知识逐渐具有社会价值的一个阶段。

“生态社会学”的学科概念最早是20世纪80年代初索科洛夫（B. Соколов）和雅尼茨基（O. Яницкий）在著作中提出的。生态社会学以自然界在社会化进程中所发生的社会过程作为研究对象，研究的是由于生态问题所引发的人与社会之间的关系问题（王烈，2001）。其研究对象可以用“自然界的社会化”和不同层次的“社会-生物技术系统”来概括。在今天，已经不存在超越社会的自然界，只存在着“社会化”的自然界，以及在环境影响下变形的社会技术系统和过程。

生态社会学探讨生态知识在社会解释方面的必要性和合理性，它可以为社会在决定广义的生态政策时提供必要的科学依据。生态社会学研究的内容非常广泛，从社会应该如何保护自然界本身固有的活动，到社会活动应该如何进行才能符合“生态化”的过程等，都是其所关心的问题。“生态社会学”要解决的根本问题是人类社会应该如何对待“人-社会-自然环境”，并且了解它们之间的相互关系，其主要任务有：对社会产生的各种社会问题、各种社会势力的认识和对策，社会生态化的问题，产生各种社会生态问题的各种社会动因的研究，社会-生态灾难及其社会影响，以及全球生态网络及其配置等。

村镇建设生态化不仅仅是生态产业建设与生态环境建设，还有一个重要内容就是生态社会建设。当今世界在环境问题上最大的挑战不是全球变暖、臭氧消耗，而是社会问题（丹尼尔·A. 科尔曼，2002）。因此在村镇建设中，以生态社会学理论为指导，将人与自然的关系由征服与控制自然的方式转变为与自然和谐相处平等对话的方式，使人与环境之间平等起来，进行生态文化、生态社区、绿色学校与绿色企业建设，倡导绿色生产和绿色消费，才能在全社会形成保护生态环境的良好舆论环境，造就全社会人们保护生态环境的主体精神，才能顺利实现村镇发展中社会经济发展和生态环境保护的协调统一。

四、生态系统理论

生态系统（ecosystem）是指在自然界的一定空间内，由生物（生态群落）与其外部环境组成的相互联系、相互作用并具有特定功能的有机整体。“生态系统”这一概念是由英国生态学家坦斯利（A. G. Tansley）于1935年首先提出的（王献溥，1978）。从20世纪50年代起，生态系统概念的传播愈加广泛，并得到广泛认可。生态系统既可以是一个很具体的概念，也可以是空间范围上抽象的概念，是在一定范围内由生物群落中的一切有机体与其环境组成的具有一定结构和功能的综合统一体。

典型的生态系统由生物成分与非生物成分两部分组成，前者指包括动物、植物、微生物等生命有机体的生态群落，依据它们在物质与能量交换过程中所起的作用，一般可以分为生产者、消费者和分解者；后者指的是其外部环境组成（图1-2）。生态系统区别于其他系统的主要特征在于它是一个生物群落处于主导地位、具有自组织特征的系统。生态系统是一个开放的有机系统，系统的边界开放，系统内的生物互相联系，不断与外部环境保持着物质与能量的交换，而系统的稳定与发展在交换过程中得以实现。在生态系统的运行过程中，生物群落一方面从外部环境获取所需的物质与能量，在此过程中影响和改变环境；另一方面受外部环境变化的影响，自身也在发生改变以适应外部环境的变化。在演化过程中，生态系统具有自我调节与适应能力，且与生物多样性和生物链结构呈正相关。

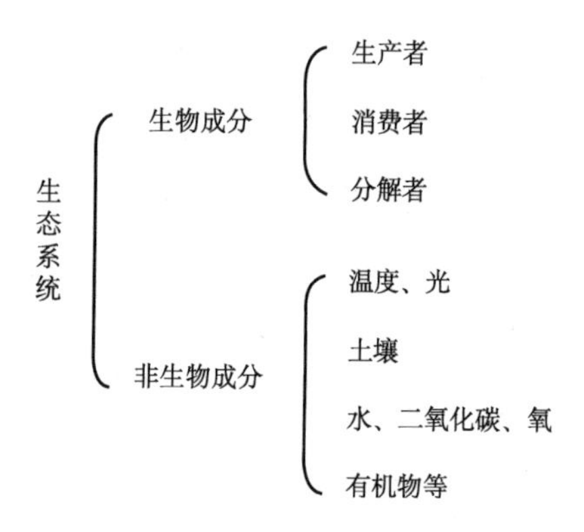

图 1-2　生态系统的组成

村镇生态系统是指在一定的村镇范围内，占据支配地位的人与各种生物和环境相互作用、相互协调的有机整体。随着社会发展，生态环境对人类的重要性日益增强，而当前村镇生态系统的自然属性往往为人们所忽视，其结构和功能日益退化，严重制约了村镇人居环境的改善和社会的可持续发展，是村镇建设与发展亟待解决的重要问题。因此，村镇发展需要在生态系统理论的指导下，将村镇自然-人工复合生态系统作为一个完整的生态系统进行综合考虑，识别其发展中的健康问题，提出相应的保护对策和管理措施，以促进村镇生态系统的良性发展，保障村镇发展的健康与稳定。

五、人居环境科学理论

希腊杰出的城市规划学家道萨迪亚斯（Doxiadis C. A.）等首先创立了“人类聚居科学”，最早提出了与“人居环境”内涵一致的概念。以人类聚居学研究为基础，清华大学吴良镛先生经过长期的规划设计和研究实践，针对中国人居环境建设的整体状况，逐步创立了中国人居环境科学理论。

“人居环境科学”（the sciences of human settlements）是一门以人类聚居（包括乡村、集镇、城市等在内的所有人类聚居）为研究对象，着重探讨人与环境之间相互关系的科学。人居环境科学强调把人类聚居作为一个整体，便于整体性地了解、掌握人类聚居发生与发展的客观规律，从而更好地建设符合人类理想的聚居环境（吴良镛，2001）。人居环境从内容上可划分为五大系统，即自然系统、人类系统、社会系统、居住系统和支撑系统。自然系统包含自然条件和生态环境中的各种要素，它往往是聚落产生的成因和基础；人类系统主要应针对聚落内居民各个层次的需求进行分析；社会系统主要是指人口变化、产业发展、社会事业及社会关系等方面的研究；居住系统主要指以土地为中心的居住系统结构、空间环境和艺术特征；支撑系统主要指交通、市政等各类基础设施和公共服务设施系统。根据人类聚居的类型和规模，以中国存在的实际问题和人居环境研究的实际情况为基础，人居环境科学研究范围可划分为全球、国家（或区域）、城市、社区（邻里）、建筑等五大空间层次。

人们在建设定居地时，首先是对生态环境要素进行选择、利用与改造；建成的人工环境又反作用于自然生态环境，它们之间是互为作用、互补共轭的关系。由于乡村和小集镇与自然环境接触面大，这种关系就显得更为密切。本书研究的对象——村镇属于社区的层次，村镇建设与发展的主要内容也包含在五大系统内，因此，村镇发展需要在人居环境科学理论的指导下，保护村镇自然生态环境，传承村镇特色风貌，提高生活生产水平，改善村镇人居环境，为村镇的长远发展提供基础设施、空间环境与资源支持，促进村镇可持续发展，实现人与自然以及人类社会的和谐共生。

第三节 村镇生态环境支撑系统研究进展

一、村镇生态化建设理论研究

1. 国外研究进展

村镇生态化建设理论是随着城市生态学理论的发展而产生和发展的。19 世纪末，当时世界主要的资本主义国家均已基本完成第二次工业革命，然而环境污染与生态破坏问题随之出现。英国学者埃比尼泽·霍华德针对这一情况，提出建设田园城市的构想，希望将繁华文明的机械大工业与纯朴自然的乡村特征有机结合在一起，打造一个宜居宜业的家园，这成为西方现代生态城镇建设思潮的开端。此后一段时期，生态城镇的理论研究主要集中在概念定性与理论探索。

20 世纪初，西方学者开始正式将生态学有关理论引入城镇规划和建设之中。80 年代，生态城镇开始进入实践阶段，以改造原则和实践途径为主要内容的理论研究开始大量出现，生态规划自此越来越受到各国重视。欧美、日本等国陆续制定环境规划法律法规等一系列措施，以加强对生态环境的保护，并提出利用生态规划方法的基本思路，其中以伊安 · 麦克哈格（Ian McHarg）的生态规划框架影响最为深远，成为 70 年代以来生态规划的一个基本思路（欧阳志云和王如松，1995）。80 年代后，生态城镇研究开始向规划的技术性、可操作性与实践性转变，出现系统型生态城市研究方法与理论体系，集中在城市规划的技术改进与方法研究，并付诸实践。进入 90 年代，可持续发展思想已逐渐为人们所认识，并在世界范围内得到传播。在这一时期，生态规划与建设已开始与可持续发展相结合，生态示范区建设成为实施可持续发展战略的重要措施，瑞典是开展生态示范区建设最早的国家之一。21 世纪初，低碳技术、网络技术、智能城市管理系统的空前发展，引发了生态城镇新一轮的技术改造研究热潮，生态城镇建设态势蓬勃。

2. 国内研究进展

国内有关村镇生态化建设的研究起步较晚，同样是以生态城市的研究为基础。20 世纪 70 年代起，我国开始倡导环境保护工作，可以视为现代我国生态城市建设探索的起步。我国的生态村镇建设是在发展生态农业之后才慢慢产生并发展起来的。20 世纪 80 年代，基于村级行政尺度开展的生态农业建设，是我国村镇生态化建设的初始阶段。到 20 世纪 80 年代中期末，伴随着新技术新成果的不断应用，我国生态村镇建设研究也开始取得较大进展。我国地理学家于 20 世纪 80 年代将生态学的理论和方法引入区域规划中（王祥荣，2002）。周启星和王如松（1997）以浙江省绍兴市小城镇为典型样本，通过对地表水等多项指标的收集和数据模型分析，推算出绍兴城镇环境容量，进而提出发展对策和建议，成为生态研究和指导小城镇建设指导意义十分强的一次成功探索。2000 年，《全国生态环境保护纲要》的发布，标志我国城镇生态规划体系基本建立。我国生态村镇的研究主要涉及经济问题、发展模式、适宜性技术等，涵盖众多领域，也包括各地区生态村的发展和实践经验。大体上，我国的村镇生态化是“先有实践，后理论研究；先有典型，后组织推广；先自发建设，后政府推动”的发展模式，与国外的生态发展过程正好相反。

当前，各国相关领域的研究机构和学者对村镇生态化建设的研究越来越广泛和深入，取得了许多有价值的成果（程国栋，2002；徐中民和程国栋，2011）。但是，多数研究只是将农村或者城市作为单独系统进行独立分析，而将村镇区域作为一个有机整体并进行生态化研究的仍然较少，村镇生态系统概念未得到明确定义，也没有形成完整的理论体系（傅睿和胡希军，2007）。究其原因，一是由于村镇生态系统具有散、小、杂等特点，在生态系统的研究领域中一直被人们所忽略；二是人们对城市生态系统的重视程度远远高于村镇生态系统；三是村镇生态系统的概念及定义仍比较模糊。随着社会发展，生态环境对人类的重要性日益增强，村镇生态系统健康势必会逐步受到人们重视。随着城市化的快速发展，农村和城镇的一体化进程在不断加快，将村镇人工复合系统作为一个完整的生态系统进行综合考虑，识别其发展中的健康问题，提出相应的保护对策和管理措施，以促进村镇生态系统的良性发展，是新的研究趋势与挑战。这需要自然、社会和生态学等诸多学科相互配合，通过增强其相互的合作，进行环境管理，从而实现村镇生态系统健康的和谐发展（肖风劲和欧阳华，2002）。

二、村镇生态实践建设

1. 国外生态城镇建设实践

随着生态城镇理论研究的兴起与不断深入，自20世纪70年代起，世界范围内生态城镇规划与建设活动此起彼伏。1992年联合国环境与发展大会后，世界各国为贯彻落实可持续发展战略，提出了各自不同的对策，一些国家把生态示范区建设作为实施可持续发展战略的重要措施。瑞典是开展这项工作最早的国家，德国（Register，1987）、美国（Register，1994）、法国（Haughton and Hunter，1994）等国家也开展了类似于生态示范区、生态县、生态村的建设，实施和探索可持续发展适宜的模式，并取得显著成效，形成瑞典的马尔默、巴西的库里蒂巴、日本的北九州、新加坡、美国的伯克利及波特兰、德国的爱尔兰根、澳大利亚哈利法克斯等最为经典的生态示范区及城镇。以政府和社会组织主导的生态城镇计划是引领生态城镇建设的主力。根据统计，直接以计划为依托建设的生态城镇超过100个。国外主要的生态城镇计划有：欧盟的生态城市项目（Gaffron et al.，2005）、英国的生态镇计划（CPRE，2008）、法国的生态城镇计划（于立，2010）、韩国的生态城市计划（栾志理和朴锺澈，2013）、斯堪的那维亚半岛和西班牙的生态城市计划[①]等。这些都代表了当今国际上保护生态环境、推动经济持续发展的趋势与潮流。

2. 国内县域生态建设实践

在我国，尽管生态规划与建设的研究起步较晚，但它一开始就吸取了较新的成果，并同我国区域发展、生态环境问题以及可持续发展的主题相结合。20世纪80年代开始，随着我国生态农业与生态农业试点县建设的逐步推进，县域生态建设实践日益成为我国政治、经济和社会生活中的一个热点和焦点问题。90年代，

① http://www.ecocity-project.eu/

随着可持续发展思想引入我国，为探索可持续发展模式，国家环保总局于 1996 年在全国开展了生态示范区创建活动，将生态省、生态市、生态县、生态示范区、生态功能区、生态工业园区等的建设统统纳入生态示范区建设的范畴。1995 年国家环保总局组织制定了《全国生态示范区建设规划》。1995 年 3 月发布了《全国生态示范区建设规划纲要（1996—2050）》，明确了目标和任务。1997 年开始创建环保模范城市。1999 年，国家环保总局提出开展生态省市、县的创建活动，将生态示范区建设扩展到更大的范围和区域。2003 年，国家环保总局发布了生态省市县建设的指标体系，用于指导生态省市县建设，同时将环境优美乡镇和生态村纳入这个序列进行管理。从而形成了生态省—生态市—生态县—环境优美乡镇—生态村—生态产业园这样一个涵盖不同层次的生态建设体系。2008 年，生态省市县更名为生态文明建设示范区，并被提升至生态文明建设试点示范新阶段。截至 2019 年，生态环境部已授予两个批次，共计 91 个市县“国家生态文明建设示范区”称号，生态村建设在我国取得了较大成就，全国各省区基本都建有很多不同级别的生态村典型。

三、村镇生态理论研究与实践建设趋向

（一）村镇生态理论研究的发展趋势

1. 范畴更加广阔

村镇生态研究领域愈加广泛，由单纯静止的自然环境取向趋向于全面的生态化建设，涵盖社会、经济、人口、资源与环境等诸多方面；研究内容方面除理论外，同样重视对于方法、实践应用、建设管理的研究；研究尺度多样，宏观向生态县、生态市，微观向环境优美镇、生态村、生态园区、生态户拓展。

2. 以生态学为基础，多学科交叉、渗透与协作

随着生态学、规划学、地理学、建筑学、景观学、社会学等一系列学科的理论发展和实践运用，生态学思想更广泛地向社会学、城市与区域规划以及其他应用学科渗透，学科的不断交叉融合产生了新的多学科理论，共同参与指导村镇生态建设，为实现村镇可持续发展提供了丰富的理论基础与技术支持，使村镇生态建设更科学化、合理化。

3. 由定性分析走向定量模型化和高度综合化

村镇生态研究涉及社会、经济、技术、环境、人的心理和行为等各方面，其内容的复杂性、目标的多层次性、决策的科学化要求分析方法的高度综合性和定

量化。因此，村镇生态研究需要多学科的广泛参与，强调工程与技术的结合，并广泛应用计算机技术、“3S”技术、系统工程学、空间模拟分析等方法，推动生态研究从定性分析向定量模拟方向发展。

4. 更加关注生态安全体系的建设

生态安全、生态健康是一个区域生存和可持续发展的前提和基础。生态安全问题已经上升至国家和地区区域安全战略层面，在生态规划层面如何构建生态安全体系已经成为目前国内外研究的焦点问题。

（二）村镇生态实践建设的发展趋势

1. 从追求物质文明、精神文明、政治文明向生态文明转变

生态内涵随着环境、经济与社会的日益融合不断发生变化。生态文明是物质文明、精神文明与政治文明在自然与社会生态关系上的具体表现，是天人关系的文明，体现在管理体制、政策法规、价值观念、道德规范、生产方式及消费行为等方面的体制的合理性、决策的科学性、资源的节约性、环境的友好性、行为的自觉性、公众的参与性和系统的和谐性。

2. 从传统经济向循环经济转变

循环经济是一个“资源—产品—废弃物—再生资源”的反馈式流程，以最大限度地利用进入系统的物质和能量，提高资源利用率，最大限度地减少污染物排放，提升经济运行质量和效益。如果整个村镇和县域都按照循环经济原理来设计和运作产业链，每个企业都能按照 ISO14000 的体系来管理，整个区域和村镇就能实现废物的资源化、减量化和最小化，实现村镇生态建设的最终目标。

3. 从外延增长方式向内涵增长方式转变

村镇生态建设的目标是加快以效益、质量和效率为目标的可持续发展，核心是实现人地关系的协调，要求经济增长方式从外延转向内涵增长。

4. 从遵循经济规律向遵循经济和生态双重规律转变

以往的村镇建设中，所采用的传统线性经济模式严重忽视经济与生态这二重规律的制约性，超负荷地开采资源，高强度地排放废物，致使村镇自然生态遭到破坏，导致严重的外部不经济性。而目前，村镇建设日益重视生态经济规律，以生态承载力为前提，建立绿色的 GDP 体系和绿色的生态县建设运行机制，建设发展环境友好产业与社会。

第二章　村镇生态环境支撑系统能力评估

第一节　村镇生态环境支撑系统要素

一、自然要素

自然要素是村镇形成与发展的基本要素和基础，对村镇的外部形象和形态结构都有着综合影响，并且直接构成村镇的一部分。自然要素对村镇的影响是显而易见的，一定的自然环境造就了一定的自然特色。村镇的形成、发展也离不开自然，是自然环境中的地形地貌、气候、土壤等因子在某一特定地域中的综合表现，呈现出独特的自然景趣，也构成了不同地域的村镇地域特色。

1. 地形地貌

地形地貌是村镇地域特色自然要素构成的基本要素之一，在中国辽阔的大地上，有雄伟的高原、起伏的山岭、低缓的丘陵，还有四周群山环抱、中间低平的大小盆地，这为村镇地域特色的形成产生很大的影响。受“天人合一”传统思想的影响，中国传统村落的选址和民居的建设都与自然地形地貌有机地融合在一起，顺应地形，依山就势，使村庄呈现出层次分明高低错落的外观，创造出地理特征突出、景观风貌多姿多彩、形态千变万化的村镇。

2. 气候条件

气候是地球上某一地区多年时段大气的一般状态，太阳辐射、大气环流和下垫面是气候形成的三个要素。气候以冷、暖、干、湿这些特征来衡量，复杂多样的地形地貌，导致热量的变化，从而形成了复杂多样的气候条件。由于受气候条件的影响，各村镇风光具有明显的季节性和地方性特色。

3. 水文地质

水是人类及一切生物赖以生存、必不可少的重要物质，是工农业生产、经济发展和环境改善不可替代的宝贵的自然资源。而农业是世界上用水量最大的部门，一般占总用水量的50%以上，中国农业用水量则占总用水量的85%。水资源不仅是发展国民经济不可缺少的重要自然资源，也是村镇地域特色构成中最生动和最有活力的要素之一。“得水而兴、弃水而衰”，世界上许多美丽的村镇都是以水为依托建立起来的，河流、湖泊在村镇历史发展进程中起着重要的作用。它不仅能使景观变得更加丰富多彩，不同的水文条件和水文特征也决定了不同的生态特征，对村镇有着重要的影响。

4. 自然资源因素

自然资源因素是指土壤资源、水资源、气候资源、矿产资源、生物资源、劳动力资源和经济资源等。资源的类型、性质、数量、质量与分布范围，对村镇形成、布局、性质和规模等都有直接或间接的影响。如村镇形成伊始以农业耕作为主，随后在村镇周边勘测发现矿产资源，村镇布局发展便会随之向资源分布方向延伸，村镇支柱产业发生变化，村镇性质也随即发生变化。

二、人文要素

人文要素是村镇地域特色的重要内容，村镇发展到一定时期，经济文化相对发达之后，自然要素对村镇的影响就会相对减小，人文要素的影响就会逐步显现出来。人文要素对村镇的发展历程有着深远的影响。从村落的选址到建设发展，从家庭关系到社会关系，从自然存在到人工建造，都在不同程度上受到文化要素的洗礼，贯穿了人类社会发展的始终。

1. 经济

经济是村镇发展的重要基础，一个村镇以什么产业为主导产业，农业、工业、服务业三产的发展状况和比重，既体现出村镇经济发展水平，也反映出村镇产业特色。传统村镇相对于城市而言，人口少、规模小，农业和畜牧业是农村社会经济的主要特点，经济比较落后，主要承担农村地域内的生产服务、行政管理等简单功能，在很大程度上是一种自给自足的状态。进入新世纪，中国经济得到了迅猛的发展，村镇的地位和作用也得到提升，村镇经济也得到迅速发展，一些村镇的产业结构、社会服务功能也逐渐增强，以当地主导产业、特色资源为依托，大力发展循环经济，形成了具有明显经济特征的各类型村镇。

2. 人口分布与流动

村镇是农业人口的聚居点，人口的数量及其分布和流动影响村镇的布局和发展。从静态角度看，村镇是容纳村镇居民的人居环境空间；从动态角度看，村镇的布局形式是由村镇内部居民自主流动造成的。也就是说，村镇居民在村镇范围内迁移和流动的方向便是村镇布局发展演变的方向。例如，村镇居民自主选择沿村镇边缘水系而定居，则村镇布局就会沿水系成带状发展。村镇的发展会推动乡村人口的重新分布，同时人口的变化也会反过来影响区域空间格局。

3. 交通条件

交通条件是影响村镇布局和村镇规模的主要因素之一。交通的通达程度以及交通运输载量，对村镇经济发展有直接的影响。一般情况下，中心村镇都分布在交通相对发达的地点，交通条件的改善，有利于物质与信息的流通，有利于提高区域商业化与村镇城镇化的进程。例如，在村镇内部有主要道路贯穿，道路两侧商业和服务业相对发达，则村镇在布局上会着重沿着道路延伸方向布局。

4. 政治影响

政治影响主要体现在政治制度和政策法规两方面。政治制度包括一个国家的阶级本质、国家政权的组织和管理形式、国家结构形式和公民在国家生活中的地位，是人类出于维护共同体的安全和利益，维持一定的公共秩序和分配方式，对各种政治关系所做的一系列规定，直接影响了村镇的建设和发展。政策法规是党政机关制定的关于处理党内和政府事务工作的文件，一般包括中共中央、国务院及其部门制定的规定、办法、准则以及行业的规范和条例规章等，是影响村镇发展建设的宏观政策和规划设计法规，直接影响村落空间的发展态势。

5. 民俗文化

民俗是一个国家或民族中广大民众所创造、享用和传承的生活文化，是根据自己的生产、生活内容和方式，并结合当地的自然条件，自然而然地创造出来并世代相传而形成的一种对人们的心理、语言和行为都具有持久、稳定约束力的规范体系。村镇历史发展悠久，在世代演替过程中产生并留存了诸多传统文化。同时，相对于城市来说，村镇受社会交流和现代文明的影响较少，更容易保持独特的民族地方特色，可谓是地方民族特色的发源地和传承载体。

第二节　村镇生态环境支撑系统评价

村镇是人类居住环境的基本单元之一，村镇生态环境质量的好坏和经济建设发展的快慢均与村镇居民的生活质量息息相关。在我国当前阶段，村镇生态环境系统往往以社会属性为主，人类生产生活以个人的经济利益驱动和便利为核心，从而造成垃圾的随意丢弃、河道黑臭、污水横流等日益恶化的村镇环境现状。在此过程中，村镇生态环境系统的自然属性逐渐被人们所忽略，村镇生态环境系统的结构和功能日益退化，严重制约了村镇社会经济的和谐发展。然而，目前针对村镇的水质监测、空气环境监测、土壤监测仍是盲区，相关的现状数据十分匮乏。为科学地考察和监测村镇环境的现状，促进村镇的可持续利用及发展，在实际的管理中，应从村镇生态系统的整体出发，将村镇治理的具体化目标作为村镇生态环境支撑系统的评价指标，建立村镇生态环境支撑系统的评价模型。通过对自然、经济和社会几大部分进行分析和综合评价，从而为科学正确地管理村镇提供基础资料和信息反馈，对村镇生态环境的治理和改善提供更加科学、正确的技术支撑及理论依据，对村镇的治理起到指引作用。因此，从保护村镇生态系统健康的角度出发，建立具有多目标、多层次、宏观性以及社会性等特点的综合评价指标体系是村镇生态环境支撑系统研究首当其冲需要解决的问题。

一、村镇生态环境支撑系统评价指标体系构建原则

要建立村镇生态环境支撑系统评价指标体系，需要以村镇生态环境支撑系统可以达到的预期目标来确定评价指标的构建原则。理想的村镇生态系统健康的评价标准应将重点放在以下三个方面：

（1）经过村镇生态环境支撑系统评价指标体系的评价与监测，可以发现该村镇生态系统具体在哪几方面存在问题以及问题的成因，可以明确体现人类、自然及生态系统健康三者之间的相互作用及关联。

（2）所构建的村镇生态环境支撑系统评价指标体系可以清晰准确地表示出该村镇生态系统的健康状况。

（3）根据不同评价指标的评价结果能够得出可供指导性、实施性的建议。

因此，村镇生态系统健康评价指标的选择应该遵循以下五个原则：

（1）整体性原则：村镇生态系统是自然-人工复合生态系统，系统内包括自然、社会、经济等方面，因此指标体系的选择应从各方面考虑，使生态系统内部各项评价指标有机结合起来，构成一套能够反映村镇生态系统整体情况的综合性指标。

（2）易获取与实用性原则：由于村镇生态系统的复杂性，要求评价指标的选择具有简单及明确性，易查找易获取，便于计算及统计数据。

（3）动态性原则：村镇生态系统是一个复杂的动态开放性系统，随着社会发展速度的加快，将会面临许多不确定性因素，应依据其具体发展状况对指标进行合理调整及优化。

（4）代表性原则：选取具有能够涵盖生态系统在某一方面本质特征的因子作为评价指标，避免重复设置。

（5）差异性原则：根据村镇生态系统的层次性特征，在对于不同类型的村镇生态系统评价中，需采用相应的方法来调整指标，区别对待。

二、村镇生态环境支撑系统评价指标体系

依据以上原则，本书构建了如表 2-1 的村镇生态环境支撑系统评价指标体系，包括经济发展、生态环境保护和社会进步三大项内容，共 22 项具体指标（按单项指标实为 27 项）。

表 2-1　村镇生态环境支撑系统评价指标体系

	名称	单位	考核指标	2010 年实际值	2010 年规划值	2015 年规划值	2020 年目标值
经济发展	农民年人均纯收入	元/人	≥6000	10804	15000	25000	40000
	单位 GDP 能耗	吨标煤/万元	≤0.9	0.37	0.5	0.35	0.25
	单位工业增加值新鲜水耗	m^3/万元	≤20	4.89	10	5	2.5
	农业灌溉水有效利用系数	——	≥0.55	0.602	0.65	0.68	0.75
	主要农产品中有机、绿色及无公害产品种植面积的比重	%	≥60	67.5	80	90	95
生态环境保护	森林覆盖率	%	≥18	28.03	30	40	40
	受保护地区占国土面积比例	%	≥15	27	30	35	35
	空气环境质量	——	达到功能区标准	达到功能区标准	达到功能区标准	达到功能区标准	达到功能区标准
	水环境质量	——	达到功能区标准，且省控以上断面过境河流水质不降低	达到功能区标准，且省控以上断面过境河流水质不降低	达到功能区标准，且省控以上断面过境河流水质不降低	达到功能区标准，且省控以上断面过境河流水质不降低	达到功能区标准，且省控以上断面过境河流水质不降低
	噪声环境质量	——	达到功能区标准	达到功能区标准	达到功能区标准	达到功能区标准	达到功能区标准
	主要污染物排放强度：化学需氧量排放强度、二氧化硫排放强度	kg/万元（GDP）	<3.5 <4.5 且不超过国家总量控制指标	2.29 0.84	2.0 0.8	1.8 0.6	1.5 0.5
	城镇生活污水集中处理率	%	≥80	82.4	85	95	100
	工业用水重复率	%	≥80	81.2	85	90	95

续表

	名称	单位	考核指标	2010 年实际值	2010 年规划值	2015 年规划值	2020 年目标值
生态环境保护	城镇生活垃圾无害化处理率	%	≥90	90.3	92	95	98
	工业固体废物处置利用率	%	≥90（且无危险废物排放）	98.53（且无危险废物排放）	95（且无危险废物排放）	95（且无危险废物排放）	98（且无危险废物排放）
	城镇人均公共绿地面积	m^2	≥12	30.63	25	28	30
	农村生活用能中清洁能源所占比例	%	≥50	50.8	55	60	70
	秸秆综合利用率	%	≥95	95.1	96	98	100
	规模化畜禽养殖场粪便综合利用率	%	≥95	95.6	95	98	100
	化肥施用强度（折纯）	kg/hm^2	＜250	208.18	200	150	100
	集中式饮用水源水质达标率	%	100	100	100	100	100
	村镇饮用水卫生合格率	%	100	100	100	100	100
	农村卫生厕所普及率	%	≥95	97.8	98	99	100
	环境保护投资占 GDP 的比重	%	≥3.5	3.63	3.7	3.8	4.2
社会进步	人口自然增长率	‰	符合国家或当地政策	–6.97	符合国家或当地政策	符合国家或当地政策	符合国家或当地政策
	公众对环境的满意率	%	＞95	95	98	100	100

第三节　村镇生态环境支撑系统面临的问题

自改革开放以来，我国的城镇化飞速发展，从 1978 年到 2016 年，我国建制镇从 2173 个增加到 20883 个，城镇常住人口从 1.7 亿增加到 7.9 亿。国家最新颁布的《国家新型城镇化规划（2014—2020 年）》指出，当前，我国正处于城镇化深入发展的关键时期，城镇化是国家现代化的重要标志。国家新型城镇化的发展是非农产业向城镇聚集，农村人口向城镇集中的过程，随着产业结构和人力资源配置的重新调整，村镇在人均资源占有量、生产要素重新配置、环境污染矛盾转移等方面的问题日益凸显。加之我国村镇发展水平不高，在污染治理、环境保护、技术政策、市场投资等各个方面都无法与城市相比拟，村镇生态环境及其支撑系统面临极大考验。

面对点多面广、错综复杂的村镇生态环境问题，需要政府将环境整治的视角从城市向这些地区转移。

一、自然资源问题

资源已经成为当今人类发展所必须面临的问题，人类的生存与发展离不开地球所提供的丰富的自然资源，任何生产都需要大量的自然资源来维持与利用。但随着近年来人口的急剧增加以及人类生活水平的不断提高，也因此加重了资源的消耗以及环境的污染情况。村镇生态系统中的自然资源具有局限性与区域性，不同类型的村镇生态系统所具有的主要自然资源是不同的，因此其面临的资源问题也不尽相同，大致可分为以下两类：

1. 土地、森林资源不断减少与退化

在村镇生态系统中，土地资源尤为重要，它决定了村镇土地耕种比率、面积及农作物收割状况的好坏。土地资源的损失，尤其是可耕地资源的损失对村镇生态系统来说十分严重。随着村镇的加速发展以及人口的快速增长，目前村镇在人均占有的土地资源数值的比率上呈现不断下降的过程，耕地与牧场更在不断地减少与退化。根据联合国人口活动基金会（UNFPA）预测，至 2050 年，全世界人口有可能达到 94 亿，这会使土地的人口“负荷系数”（指某个国家或地区人口平均密度与世界人口平均密度之比）每年增加 2%。如果按照农用面积计算，其负荷系数将每年增加 6%～7%。这表示人口的增长将对本来已经十分紧张的土地资源，尤其是耕地资源，在原有的基础上产生更大的威胁及压力。

森林资源在我国相当匮乏，全国平均每年有 44 万 hm^2 的林地变为非林地，有 165.4 万 hm^2 的林地变为无林地、灌木林地和疏林地。森林资源是人类最宝贵

的资源之一，它不仅可以为人类提供大量的林木资源，有着重要的经济价值，而且还具有调节气候、涵养水源、净化大气、防风固沙、吸收二氧化碳、保护生物多样性、美化环境等重要的生态学价值。但由于人类频繁的植被破坏、树木砍伐等一系列的毁林举动，致使我国森林面积不断减少与退化。植被破坏（如森林和草原的破坏）不仅对村镇生态系统的自然景观有很大影响，同时也会导致及加剧如环境质量下降、生态系统恶化、土地沙漠化以及自然灾害等不良现象的发生。土壤荒漠化将会加剧水土流失，以致形成村镇生态环境的恶性循环。

2. 水资源的污染与稀缺

水功能的缺失以及水资源容量不能承载人类现有的社会经济活动，已经成为当前水资源在村镇生态系统中所面临的主要问题。在村镇生态系统中，由于发展落后，许多村镇并没有建设合理的排水系统，存在农田污染、居民点周围水环境质量恶化及村镇居民饮水安全受到严重威胁等水污染问题。随着问题的日益复杂化，以及政府没有及时采取相应的治理措施，水污染呈现出复合型、长期性等问题，加剧了生态系统中水资源的紧张程度，造成一系列严重的生态环境问题。

二、环境压力问题

（一）村镇农业生产造成的环境污染

农业是一种自然与经济紧密结合并且十分依赖环境的产业。农业生产活动与经济、环境及社会相互作用并相互影响。为了增加农业资源的利用率与农业的生产效率，通常需要利用很多介质，这些介质主要表现为农药、化肥及地膜的使用，随之带来一系列的污染问题。

1. 农药的污染

中国是一个农业大国，同时也是世界上农药生产和使用大国。我国每年施用农药的土地面积大约在 3 亿 hm^2，农药使用量基本稳定在 23 万 t。由于农民普遍缺乏科学使用农药的知识，农药的不合理使用及效率低下，给周围环境造成了严重的影响，对农产品的污染也十分严重，尤其是在蔬果等农作物生产中农药的过量使用经常引发农药残留导致食物中毒事件的发生。

2. 化肥的污染

据统计，我国化肥的平均使用量已经超过 0.4 万 t/hm^2，单位面积使用量为世界中等水平，但是化肥利用率却仅为 40%，其余的 60%大部分进入土壤、植物体内，或随着农业退水和地表径流进入湖泊等水体中，造成土壤板结、水体富营养化、地力下降，这不仅是巨大的经济损失，同时也是对环境的严重污染。

3. 农用地膜的污染

据统计，我国农膜使用量已居世界之首。如今，农业种植的最先进方式便是农膜覆盖种植，其被统称为“白色革命”。虽然在经过农膜覆盖后，可有效地优化栽培的外部环境和条件，使农作物早熟、增量、高品质，但是不足之处是农膜容易残留在土壤中并将持续长时间的极难分解，这会对正在生长的植物根部的吸肥和吸水能力产生阻碍，并且，如不及时回收在农业生产时使用的塑料薄膜，将会产生“白色污染”。

（二）村镇企业生产造成的环境污染

自20世纪70年代末到90年代，我国乡镇企业得到了重点扶持并快速发展。乡镇企业的迅速发展不仅带动了农村经济的发展，加快了工业化发展速度，且在帮助农民提高收入及解决农村剩余劳动力方面做出了很大贡献。我国大多数的乡镇企业都属于较低技术含量的粗放经营模式，乡镇企业的发展在很大程度上都以牺牲自然环境及资源为代价，造成许多直接与间接污染的环境危害。

村镇企业的规模一般较小，抗风险能力薄弱，并在融资方面存在很多困难。在我国村镇企业中，占比最高的是造纸、电镀、采矿与印染等行业，同时也是污染最严重的行业。目前，我国村镇企业普遍缺少统一的管理制度，人员对环境保护及生态学方面的知识缺乏，只考虑经济收益而忽略了排污治污。企业的废气、废水、固体废弃物常常未经处理就直接排放，导致周围地下水体受到严重污染、生态环境遭到严重破坏。据统计，从2000年到2008年我国农村工业固体废弃物排放占全国的比例由57%上升到61%，废水COD排放量占全国的比例由53%上升到58%，不同类型农村产业集聚带来的生活和工业复合污染问题对农村居民健康造成严重威胁。

三、城市污染向村镇的转移

1. 城市企业污染向村镇转移

当前，学者及政府对城市环境保护的关注程度远远高于对村镇环境的关注。许多城市都有意识地杜绝高污染产业在当地运行，而这些逐渐被城市所淘汰的高污染产业则渐渐转移到农村、村镇等环保意识与经济基础相对薄弱的地区，造成严重的环境污染。例如，首都钢铁厂在2010年前已经全部搬迁出北京，且今后不允许钢产业在北京发展。一方面，农村、村镇等地因此成为城市生态系统健康的牺牲者与高污染产业的落脚地；另一方面，由于资金、技术和知识有限，农村、村镇等地区只能被迫接受城市企业所淘汰下来的设备与技术，却没有能力治理企业带来的污染灾害，从而造成城市企业污染向村镇转移的悲剧发生，并愈演愈烈。

2. 城市生活垃圾向村镇转移

虽然我国制定了很多政策措施防止生活垃圾从城市转向农村，但是由于各种利益的驱使和管理上的问题，这些政策措施并没有起到实质性作用，反而使这种污染转移的趋势越发严重。1995 年，我国城市垃圾的填埋量为 0.11 万 t，而到了 2006 年，我国的城市垃圾填埋量已经达到了 15586.8 万 t，并且这些垃圾的无害化处理率仅为 57.1%（王迪新，2006；郑易生，2002），2015 年我国城市生活垃圾填埋处理量达 1.15 亿 t。可以看出，城市垃圾量呈超速增长的趋势，要堆放处置这些日益增加的城市垃圾必然占用大量的土地，由于城市人口的急剧增加与土地利用的紧张性，大量的城市生活垃圾被运往农村、村镇等地区进行填埋，此举更是加重了农村、村镇地区的生态环境承受压力和受污染程度。

第四节　村镇生态环境支撑系统问题的成因

关于村镇生态系统环境恶化的原因有诸多说法，如滥用资源、乱砍滥伐、畜禽养殖、企业管理不当、污水乱排、垃圾乱堆等。而上述一系列的原因并不是导致村镇生态系统受损的根本原因，只是人类某些行为方面的泛指。若想真正解决村镇生态系统受损的问题，不能仅停留在表面现象，而应通过以上这些现象去发掘更深层次的原因，找到导致村镇生态系统受损的根本原因。基于各类问题的汇总，本书将村镇生态系统的问题成因总结为政府政策、社会文化及经济三大因素。

一、针对村镇环境保护法律体系不健全

和发达国家相比，我国现有的针对村镇环境保护的相关法律体系还不够健全。虽然我国已颁布为数不少的关于环境保护的法律，其中包括 9 部环保方面的法律、15 部有关自然资源的法律，制定和颁布了 50 余项环保行政法规，约 200 件部门规章与行政文件等，但是这些环境保护政策法规普遍存在“重城市，轻农村”的立法倾向（李挚萍等，2009）。近年来，虽然我国也逐渐颁布了一些特定为农村制定的建设指标与法规，如《关于实行“以奖促治”加快解决突出的农村环境问题实施方案的通知》《中央农村环境保护专项资金环境综合整治项目管理暂行办法》《中央农村环境保护专项资金管理暂行办法》等，但针对村镇生态环境保护

的法律法规仍然缺少且不健全，同时也存在着一些漏洞。如《畜禽养殖污染防治管理办法》中第十九条规定："本办法中的畜禽养殖场，是指常年存栏量为 500 头以上的猪、3 万羽以上的鸡和 100 头以上的牛的畜禽养殖场，以及达到规定规模标准的其他类型的畜禽养殖场"，而对于数量、规模较小的其他畜禽养殖场却并未做出相关的详细规定，这无疑是村镇环境保护法律上的漏洞（曾鸣和谢淑娟，2007）。根据村镇生态系统自身的特点所制定的相应法律法规也有待健全，有规矩不成方圆，这是导致村镇生态系统受损的一大原因。

二、村镇居民缺乏环境意识与相关知识

生态环境问题的实质是人与自然关系的失衡。《只有一个地球》一书中写道："贫穷是一切污染中最大的污染"。村镇居民普遍存在收入过低、经济低下等问题，为了维持生计不惜通过开山造田、毁林种田、过度放牧等方式来追求经济收益的增长，改善自己的生活条件，却没有考虑过这些行为将会给他们生活的家园带来什么样的灾害和隐患。这些村镇居民的主观行为，归根究底，是因为村镇居民的环境意识薄弱。环境意识是让人类对自身与环境关系的认识和反映，包括了人对于环境的需求、目的、态度和价值观等（朱启臻，2000），是调节、引导和控制人类环境行为的内在原因，而村镇居民环境意识的高低将会直接影响村镇生态系统的保护与治理。

当前，村镇居民缺乏环境意识主要体现在两个方面：一方面是村镇居民的受教育程度较低，所掌握相关知识较少，缺乏对有关生产与生活方面环境保护的知识，对某些行为可产生的环境危害认知处于模糊阶段；另一方面是村镇居民对环境保护的责任感不强，对未来环境的责任感更是毫无概念，在一定程度上助长了村镇生态问题的滋生。

三、资金、科学技术的严重缺乏

村镇生态环境保护工作的开展离不开专项资金支持。专项资金的来源通常是根据国家发布的相关政策法规所拨的一定经费或课题资金，我国针对村镇建设的政策法规较少，资金方面也较为匮乏，大部分都是短暂和临时性的。以 2015 年为例，全国污染治理投资的资金为 9576 亿元，约占 GDP 的 1.5%。根据国际经验，当治污投资占 GDP 的 1%～1.5%时，可控制环境使其不再恶化，当比例达到 2%～3%时，环境状况便会得到改善（钱俊生和余谋昌，2004）。从以上数据可以看出，我国在村镇环境资金的投入方面仍十分不足，同时政府的财政支持也主要用于城市的环境保护方面。

当前，我国许多环境保护技术是针对城市环境研发的，针对村镇研发的技术相对较少，许多村镇都是采用城市逐渐弃用的治污技术，效果却并不理想。城市

污染状况与村镇污染状况虽然有一定的共同点，但很大程度上却并不相同。城市污染主要体现为点源污染，大部分是针对分布较集中的大中型企业；村镇污染则很大程度上表现为面源污染，主要是布局相对分散的小型企业。我国村镇的科学技术水平还停留在十分落后的阶段，科技对于村镇环境治污与经济发展的贡献率很低。如何根据村镇生态系统的特点，研究出适合村镇环境污染治理的技术是未来村镇发展的重点。

第三章　村镇生态环境支撑系统建设思路与目标

第一节　村镇生态环境支撑系统建设的资料准备工作

收集、整理和分析村镇的基础资料，是保障村镇生态环境支撑系统建设研究符合村镇发展和建设客观规律与实际情况的基石，也是提高研究科学性与可行性的主要手段。

一、村镇生态环境支撑系统建设的资料内容

由于村镇发展的关联性及村镇区域的系统性，其反映在地域空间上的结果便是村镇发展具有区域性，尤其是村镇自然生态系统与社会经济系统，不能“就村镇而论村镇”，而需要树立和强化区域观，重视村镇所在的县域对村镇发展的影响和村镇与周边村镇之间的关联。因此，在资料收集阶段，应尽可能兼顾村镇与县域多层次多方面的资料数据。

（一）自然条件和历史资料

1. 自然条件

（1）地形。了解地形起伏的特点，以便根据地形特点来确定与选择村镇用地情况，使用的地形图精度一般应在1∶1万及以上。

（2）地质。包括土壤承载力大小及其分布，以及滑坡、冲沟、岩溶、沼泽、沉陷等地质条件的分布范围。根据以上资料进行村镇用地评定，分为适宜修建的地区、基本适宜修建地区（需要采取一定的措施）和不适宜修建的地区，成图并注明各地段需要采取的工程准备措施。

（3）水文和水文地质情况。水文情况包括河湖的最高、最低和平均水位，河流的最大、最小和平均流量，最大洪水位，历年的洪水频率，淹没范围和面积，以及淹没概况等。此外，在地面水不足地区，地下水是村镇生产、生活用水的另一水源，但也需注意在有些地区过量使用地下水可能会导致地面下沉。因此，对于地下水应掌握地下水位的流向和蕴藏量、泉眼位置、流量及其水质情况。

（4）气象资料。包括历年、全年和夏季的主导风向、风向频率、平均风速，平均降水总量、暴雨概况，气温、地温、相对湿度、日照时长等。

自然条件资料是选择村镇用地和合理经济地确定村镇用地范围的依据，是做

好村镇生态环境支撑系统建设的前提条件之一。

2. 区域概况

（1）资源条件。包括附近矿藏资源的种类、储量、开采价值、开采及运输条件；地方林业、渔业、畜产、水利资源的一般情况，包括其加工地点、主要运销地点等；地方建筑材料的种类、储量、开采条件等。

（2）村镇农业。包括村镇农作物的构成，各类农作物的种植面积及产量；农、林、牧、副、渔生产的发展情况，农作物的加工、储运情况；农业为工业生产提供的原料及其调运情况；农业发展计划，专业户、重点户的概况，农村剩余劳动力的现状及发展趋势。

（3）周围居民点概况。包括周围的市镇及农村居民点的性质、规模、发展方向和其与本村镇的距离与相互关系。

（4）对外交通联系。包括铁路站场、线路的技术等级及运输能力、现有运输量、铁路布局与村镇的关系、存在的问题及规划方案；公路的等级、客货运量及其特点，公路走向、长途汽车站的布局及其与村镇的关系、同周围村镇及居民点的联系是否便利，有无开辟公路新线的计划及设想、周围河流的通航条件、运输能力，码头设置的现状及其与村镇的关系、存在的问题及规划方案等。

在一个村镇的发展过程中，除村镇本身原有的基础之外，周围地区的资源条件和其他经济条件往往限制或决定着一个村镇的性质和规模，因此，在对区域概况有一定了解的基础上，需对区域自然环境、自然资源、工业、农业、交通运输等对本村镇发展的影响进行研究分析，以确定本村镇在区域经济体系和村镇居民点体系中的地位和作用。

3. 历史资料

包括村镇形成的时期及其演变的概况；有无标志村镇历史文化特征的名胜古迹、文化传统，与之相关的地点和现状；村镇行政隶属的变迁、建设发展过程，村镇建设的主要成就等。对以上这些历史沿革资料的掌握，有助于确定村镇的性质，形成富有地方特色的建设方案。

（二）社会经济资料

（1）人口结构。村镇现状总人口，村镇农业人口与非农业人口、劳动人口与非劳动人口、常住人口与非常住人口的数量及其在总人口中所占的百分比；村镇人口的就业程度、就业结构，各行业职工的数量及占比；村镇人口的年龄结构；人口自然增长率与机械增长率，计划生育政策的执行情况等。

（2）村镇建设与管理情况。村镇建设与管理的主要机构、政策法规及工作情况；村镇建设的资金来源、基建和维修施工队伍的生产能力；建筑材料基地及就地取材的可能性。

（3）村镇产业。村镇产业的结构、现状及发展规划，包括工农业产品、产量、职工人数、原料来源、用地面积、用水量、用电量、运输方式与运输量、三废污染及综合利用情况、企业协作关系等；村镇第三产业发展现状与规划。

（4）区域发展规划。村镇所在县域的区域发展规划、社会经济发展计划、村镇体系的分布规划以及县域其他各项经济社会事业发展规划等。

（三）工程设施与环境资料

1. 工程设施

（1）交通运输。村镇交通运输的方式、种类和数量，主要道路的日交通量，高峰小时交通量，交通堵塞和交通事故概况。

（2）道路、桥梁。主要街道的长度、密度、路面等级、通行能力及利用情况；桥梁位置、密度、结构类型、载重等级。

（3）给排水。水源地、水厂及水塔位置、容量，管网走向、长度、水质、水压、供水量，现有水厂及管网潜力、扩建可能性；排水体制、管网走向、长度、出口位置，污水处理情况，雨水排除情况。

（4）供电。电厂、变电所的容量、位置，区域调节、输配电网络概况，村镇用电负荷特点，高压线走向。

2. 环境资料

（1）环境污染。废水、废气、废渣及噪音的危害程度，包括污染源、有害物质成分、污染范围与发展趋势。

（2）作为污染源的有害工业、污水处理厂、养殖场等的位置及其概况。

（3）村镇及各污染源采取的防治措施和综合利用的途径。

（四）遥感数据

指通过遥感获得的各类型数据资料，也包括一些航空、卫星图片等。

二、村镇生态环境支撑系统建设的资料收集

资料收集首先要求目的明确，了解各项资料在村镇规划中的用途和作用。其次是做好收集资料的准备工作，事先结合工作的内容拟出资料收集提纲，并明确重点，以避免重复和遗漏，节省时间。收集资料有以下途径：

（1）向省、市、县有关部门收集，主要是有关村镇所在地的区域经济、交通、

居民点分布体系等方面的资料。

（2）向当地有关村镇建设、工业、商业、文化、教育、卫生、民政、交通、地质、气象、水利、电力、环保、公安等部门了解村镇有关现状与发展规划资料。

（3）现场调查研究。通过现场踏勘、调查，按照资料收集提纲的要求逐项进行详细的收集和整理，包括文字和数据资料。在遇到资料不够充分的情况时，应深入现场进一步做有针对性的补充调查，以满足资料需求。

三、村镇生态环境支撑系统建设的资料整理及分析

（一）资料的整理

资料收集后要进行整理，将各方面的数据和资料集成到一起，构建村镇生态环境支撑系统研究数据库，以在数据管理的基础上，更好地进行研究工作。村镇生态环境支撑系统研究数据库主要由五部分数据及资料构成，主要包括：GIS 数据库、区域发展规划数据库、遥感数据库、社会经济数据库及补充调查的数据和资料。

GIS 数据库主要内容包括：

（1）国土调查数据库，指国土调查的一些基本数据，如道路网分布数据、地形 DEM 数据等。

（2）土地利用和土地覆被数据库，指按照土地利用类型分类体系，经过土地调查得到的土地利用分类图。

（3）重要保护地数据库，主要涉及自然保护区、生态脆弱区等。

（4）气候数据库，包括降水、气温及极端气候等相关资料。

（5）其他数据库。

区域发展规划数据库，指涉及区域发展规划的相关数据资料。

遥感数据库，指通过遥感获得的各类型数据资料，也包括一些航空、卫星图片。

社会经济数据库，包括人口、聚落、产业及环境状况等社会经济数据。

补充调查数据库，主要涉及为专门研究工作而进行的调查所获取的相关数据和资料。

（二）资料的综合分析

基于村镇生态环境支撑系统研究数据库，进行数据单项及综合分析，可采用地理信息系统方法、典型剖析法、回归分析法、德尔菲法等方法，资料整理的成果可用图、统计表、文字说明等来反映。

1. 社会经济资料的综合分析

社会经济技术条件的综合分析有助于正确地确定村镇的性质、规模、发展方向，以确定村镇在区域居民点分布体系中的作用。

2. 自然条件资料的综合分析

在收集到村镇区域的地形、地貌、土壤、水文、水文地质、工程地质、资源状况等自然条件后，应按照建设及发展的需要，综合分析自然条件资料，摸清村镇自然生态环境系统结构与现状，对村镇用地进行科学的分析鉴定，对用地环境条件进行质量评价，为村镇布局和功能分区提供科学依据。

3. 现状条件资料的综合分析

现状条件资料是指村镇生产、生活所构成的物质基础和现有土地的使用情况，如道路、工程管线、防洪设施等，是经过一定历史时期建设而逐步形成的。现状条件资料的综合分析对于研究村镇的性质、规模和发展方向，以及合理利用和建设调整原有村镇等方面都有着极为重要的作用。

第二节　村镇生态环境支撑系统建设的研究工作

村镇是我国经济、社会和行政管理的基本地域单元，是实现我国经济持续增长、社会稳定和实施可持续发展战略中的基本载体，是我国生态建设与保护的基本单元，只有县级政府对环境保护真正负起责任，地市政府和省级政府的环境保护责任才能落实。村镇生态环境支撑系统建设通过技术创新、体制改革、观念转换和能力建设，促进村镇及县域社会、经济、自然的和谐发展，物质、能量、信息的高效利用，使技术和自然充分融合，人的创造力和生产力得到最大限度的发挥，生态系统功能和居民的身心健康得到最大限度的保护，生态和文化得以持续、健康地发展，其目标是为村镇及村镇生态环境可持续发展提供支撑与保障作用。

一、村镇生态环境支撑系统建设的具体内容

村镇生态环境支撑系统建设是在生态系统承载力范围内运用生态经济学原理和系统工程方法去改变生产和消费方式、决策和管理方法，挖掘村镇及县域内外一切可以利用的资源潜力，建设健康稳定、舒适安全的生态与环境，环境友好、高效可持续的生态产业，以及尊重自然、体制合理、社会和谐的生态文化，以共同构成村镇与村镇生态环境建设与发展的支撑系统，促进与保障村镇区域实现经济发展与环境保护、物质文明与精神文明、自然经济与人类生态高度统一和可持

续发展。

村镇生态环境支撑系统建设是在村镇区域层面上的生态文明实践与应用，是以“生态优先”的发展战略思想为指导，按照村镇复合生态系统的概念，可将村镇生态环境支撑系统分为生态环境、生态经济、生态社会三大子系统，及其下所包括的村镇自然生态格局、村镇资源、村镇环境、村镇生态产业、村镇生态人居环境、村镇生态文化、村镇生态政策制度等多个支撑村镇发展的支撑组分。因此，村镇生态环境支撑系统建设应该以环境为体、经济为用、生态为纲、文化为常，从村镇发展的支撑层面，对产业发展、生态环境和社会文明等支撑组分因地制宜地进行生态化建设，其目标更为复合。村镇生态环境支撑系统建设既不是单一的社会经济发展建设，也不是环境规划或专项规划，而是村镇区域的社会、经济与环境复合生态建设和协调发展建设，其框架结构如图 3-1 所示。

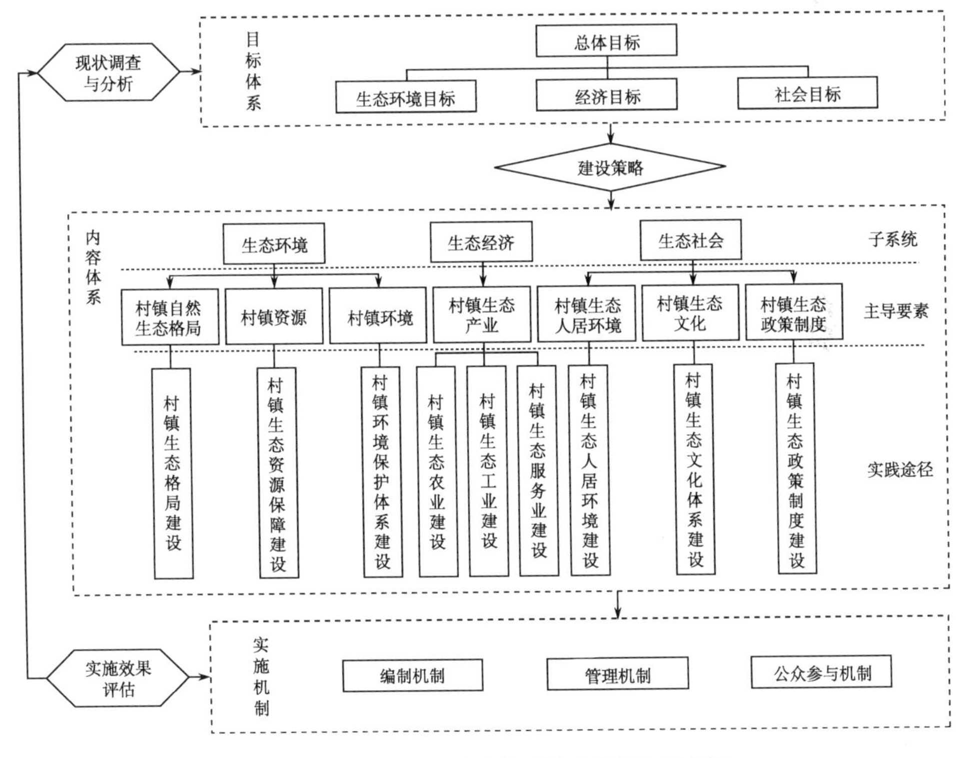

图 3-1　村镇生态环境支撑系统建设框架示意图

村镇生态环境支撑系统建设是促进县域复合生态系统协调高效和促进可持续发展的宏观性研究，是实施生态社会建设、生态经济建设、生态环境建设的技术依据，可为村镇乃至县域的规划部门、管理部门以及建设单位编制社会经济发展规划、城市总体规划、环境保护规划及其他专项规划提供宏观指导。

在村镇生态环境支撑系统建设中，应对下列问题进行深入研究：村镇的规模、性质和发展方向，宏观生态与资源环境格局和合理经济联系范围；村镇的各种生产活动、社会活动；村镇居民的生活要求；村镇的现状等，在此基础上，研究各项用地之间的相互关系，进行功能分区；明确近期、远期目标及任务，确定先后次序，以便科学地、有计划地进行建设。村镇生态环境支撑系统建设的基本任务是根据所在区域的社会经济发展计划以及村镇体系的分布规划，研究村镇的经济、社会、文化等各项事业的发展，拟定村镇的发展目标，确定村镇的性质和规模，进行村镇的自然生态格局布局，统筹安排各项事业的建设与发展。

结合我国生态环境保护与建设的现状及发展趋势，村镇生态环境支撑系统建设研究具体包含以下内容体系。

1. 理论与方法框架建设

以生态经济学、生态社会学、可持续发展等理论为依据，对村镇生态环境支撑系统的内涵、理论框架建设等进行研究，分析其理论研究与实践建设趋势；选取并完善分析技术方法评价方法，如评价指标体系的建立与各项经济技术指标的选定；建立村镇生态环境支撑系统建设的内容与方法体系，确定村镇生态环境支撑系统建设的指导思想、建设原则、建设定位与目标。

2. 村镇生态格局建设

村镇生态环境作为村镇建设与发展的基础资源，承担着区域生态基底功能，并为村镇其他发展要素提供支撑功能。对村镇各生态要素分布格局、规律做出全面综合评价，并对区域生态系统所具有的生态服务功能的类型、分布及空间分异特征进行评估与计量，在此基础上，充分考虑村镇的现状条件和远景发展的可能性，进行村镇自然生态格局的总体布局，合理划分生态功能分区与生态空间管制分区。

3. 村镇生态资源保障建设

资源和生态环境在农业生产系统的流程中属于输入要素，其丰裕程度在一定程度上决定着一个区域生态产业发展的方向和模式。梳理村镇区域内各项自然资源条件与潜力，对区域内自然资源利用与保障现状、存在的问题与成因进行评价及分析；结合当地的资源消费需求、规划方向、上行政策等情况，确定资源保护与利用的目标与方向；制定对策措施，为村镇可持续发展及资源可持续利用提供支撑与保障。

4. 村镇生态产业建设

基于村镇区域自然、社会与经济条件综合分析，依据生态学和经济学原理，制定村镇生态产业发展的总体思路；建设包括生态农业、生态工业、生态服务业在内的绿色化、生态化的区域产业体系，对三次产业发展状况、存在问题与发展前景进行分析，提出生态工业发展目标与对策措施；推动生态环境保护产业化与生态经济管理体制，建立起各项有利于生态产业体系建设的制度机制。

5. 村镇环境保护体系建设

良好的自然生态环境以及合理的开发利用和保护措施，是实现经济社会健康发展和村镇生态建设目标的基础和条件。对村镇区域环境本底状况、环境保护与污染现状进行调查分析与评价，进行环境预测；基于环境资源承载能力与适宜性分析，进行村镇区域环境功能分区；识别村镇环境突出问题与重点区域，进行生态环境整治；进行环境建设与管理，推动环境保护和污染控制技术与政策的研发和实施。

6. 村镇生态人居环境建设

基于生态学原理、城市规划学，进行生态城镇体系建设；在县域范围内，对城镇（县城）与农村（村镇）进行有针对性、有区别的生态人居环境建设，包括空间布局优化、生态景观建设、居住系统生态化建设等内容；开展以生态村、生态乡镇为代表的生态人居环境创优示范建设。

7. 村镇生态文化体系建设

以生态环境保护与发展为目标，将生态意识纳入各级政府决策机制，结合社会舆论监督和信息反馈机制的建立，建设村镇生态决策文化；改变企业的价值观念，规范引导企业的生产行为、产品、管理、内部文化氛围与形象等向生态化发展；建立生态文化教育网络和制度，注重公众参与社区生态管理，建设社区生态文化；保护与开发以历史文化遗产为代表的生态文化遗产。

8. 村镇生态政策制度建设

建立健全体现生态环境保护与建设理念的法律法规与政策体系，完善促进村镇区域生态环境保护的制度体系；明确村镇生态环境管理分权与责任，促进公众参与与监督，推进政绩考评标准与办法生态化；建立支持绿色发展公共财政支持机制和多元化的村镇生态保护与建设资金筹措渠道，保障并监督资金的管理与保护；鼓励引导村镇生态环境保护非正式制度的形成与发展。

简言之，村镇生态环境支撑系统建设是根据国家、市、县的经济和社会发展计划与规划，以及村镇的历史、自然和经济条件，合理确定村镇的性质与规模，科学布局与利用村镇宏观生态格局及资源，进行生态产业体系、环境保护体系、人居环境建设，建立生态文化体系及村镇生态环境政策制度保障，以获得较高的社会、经济和生态效益。

二、村镇生态环境支撑系统建设研究的方法步骤

村镇生态环境支撑系统建设研究可采用以下方法和步骤进行（图 3-2）。

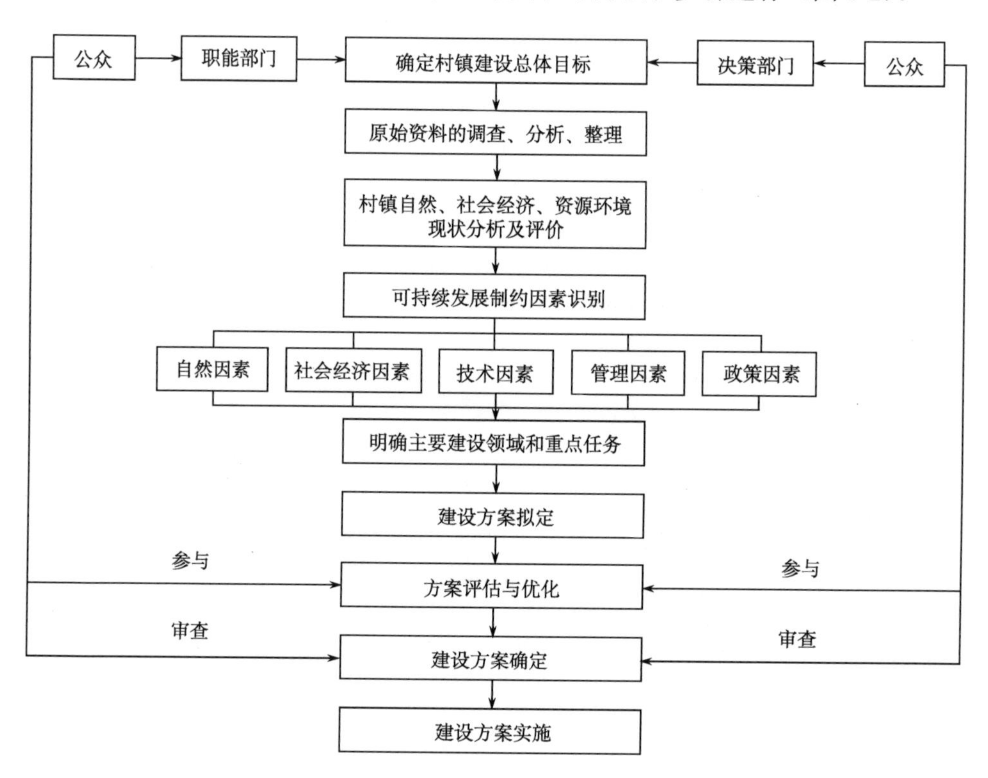

图 3-2　村镇生态环境支撑系统建设方案编制程序图

（一）确定村镇建设目标与内容

村镇生态环境支撑系统建设的总体目标是实现村镇及村镇生态环境发展的可持续，内容包括村镇生态格局建设、村镇生态资源保障建设、生态产业建设、环境保护建设、生态人居环境建设、生态文化体系建设及生态环境政策制度建设。

（二）基础资料收集与整理

1. 收集村镇区域资料

（1）区域村镇体系布局规划资料；

（2）区域工业发展布局规划资料；
（3）农业发展布局规划资料；
（4）社会服务设施布局规划资料；
（5）基础设施布局规划资料；
（6）土地利用规划资料；
（7）交通河网规划布局资料。

2. 收集村镇资料

主要收集村镇范围内的自然、社会经济、村镇现有工程设施、村镇环境及其他资料，包括遥感资料、GIS 资料和图纸及文本资料等。在收集了基础资料后，还要进一步调查了解当地干部与群众对村镇生态环境支撑系统建设规划的想法及要求等文字资料。深入现场详细查看和熟悉地形、地物，对与基础资料不符的地方应及时进行修改，获取的遥感及解译图像应比照实际情况进行使用。

3. 基础资料整理

根据村镇生态环境支撑系统建设内容，将相关资料分门别类进行整理，在资料可靠性的分析基础上，进行资料的电子化处理，供分析之用。

4. 专项分析与综合分析

基于资料研究，对村镇生态环境支撑系统的各支撑分项进行专题分析，并在各专项分析的基础上进行综合分析，摸清村镇生态环境支撑系统现状，总结其制约村镇可持续发展的关键问题，研究问题的解决方法，明确主要建设领域和重点任务，并提出相应的对策措施。

5. 建设方案的提出与比较

基于专项分析与综合分析，构思并提出村镇生态环境支撑系统建设的初步方案，由于解决问题的方法、途径不同，所形成的规划方案也各异，在此阶段可依据不同侧重，设计多种方案供比较选择。对各方案从技术上的科学性、经济上的合理性、实施的可能性等方面进行综合分析比较，加以取舍，确定出较佳方案，并对选定的方案进行讨论、补充和修改，使该方案充分吸取其他方案的长处。

6. 广泛征集各方意见

向有关部门和村镇各界汇报村镇生态环境支撑系统建设方案的内容及意图，广泛征求其意见，并就收集到的反馈信息进行归纳总结，对建设方案做出适当的修正与完善。

7. 确定最终方案

召集有关部门、技术人员及居民代表开会，对村镇生态环境支撑系统建设研究中遇到的问题进行讨论，取得一致意见后确定最终方案。

8. 编写方案说明书

说明书应主要表述调查、分析、研究成果，其编写要求对现状叙述清楚，资料分析透彻，建设定位及目标设想、建设内容及方法合理，实施措施可落实。文字简练，层次分明，文图表并茂。对内容较多、需要进行深入论证说明的部分，可撰写若干专题加以论述。

三、村镇生态环境支撑系统建设研究的技术

1. RS 技术

遥感技术有助于有效地研究大尺度和多尺度上的景观现象。在村镇生态环境支撑系统建设研究中可以利用遥感获取卫星图，利用卫星影像图进行土地利用类型、景观生态类型分类研究，也可利用遥感软件对卫星图进行解译，进而得到村镇的植被覆盖数据等空间数据。

2. 地理信息系统（GIS）

GIS 是空间数据的收集、存贮、转换和展示的计算机工具。GIS 的出现为定量分析复杂的空间问题提供了强有力的支持。在村镇生态环境支撑系统建设中主要利用 GIS 进行空间数据的收集与分析，包括土地利用转移矩阵的分析、村镇景观生态适宜性分析、村镇功能分区等。

基于前文对于村镇生态环境支撑系统的内涵、理论依据、要素分析与评价体系构建，以及村镇生态环境支撑系统建设的内容、方法研究。本书以江苏省溧水区域作为研究对象，通过采用以上方法与技术，分别从宏观生态格局、资源可持续保障、生态产业体系、环境保护体系、人居环境建设、生态文化体系建设、生态环境政策制度保障等方面全面且深入地探讨村镇生态环境支撑系统的评价理论体系，以为村镇生态环境支撑系统建设研究提供具体案例的分析与支持。

第三节　村镇生态环境支撑系统建设的实践工作——以溧水为例

溧水位于南京市南部，秦淮河上游。东临溧阳，南连高淳，西接安徽马鞍山，

北交江宁新区（图 3-3）。2000 年 2 月，溧水县完成撤乡建镇，设建制镇 8 个，其中 1 个县城镇、2 个全省重点中心镇、5 个一般建制镇，此外还有 2 个国营场圃和 1 个省级经济开发区。2013 年 2 月，经国务院、省政府批复同意：撤销溧水县，设立南京市溧水区，以原溧水县的行政区域为南京市溧水区的行政区域。2015 年 11 月，溧水永阳镇、柘塘镇两镇撤镇设街道；2018 年 5 月，溧水东屏镇、洪蓝镇、石湫镇三镇撤镇设街道。然而，这些地区仍然存在大量农民户籍和集体土地，并未完全城市化，实际上依然为涉农地区；并且，由于本书是从村镇角度出发，关注县域生态环境支撑系统的建设问题，因此，本书仍沿用溧水撤县设区、撤镇设街前

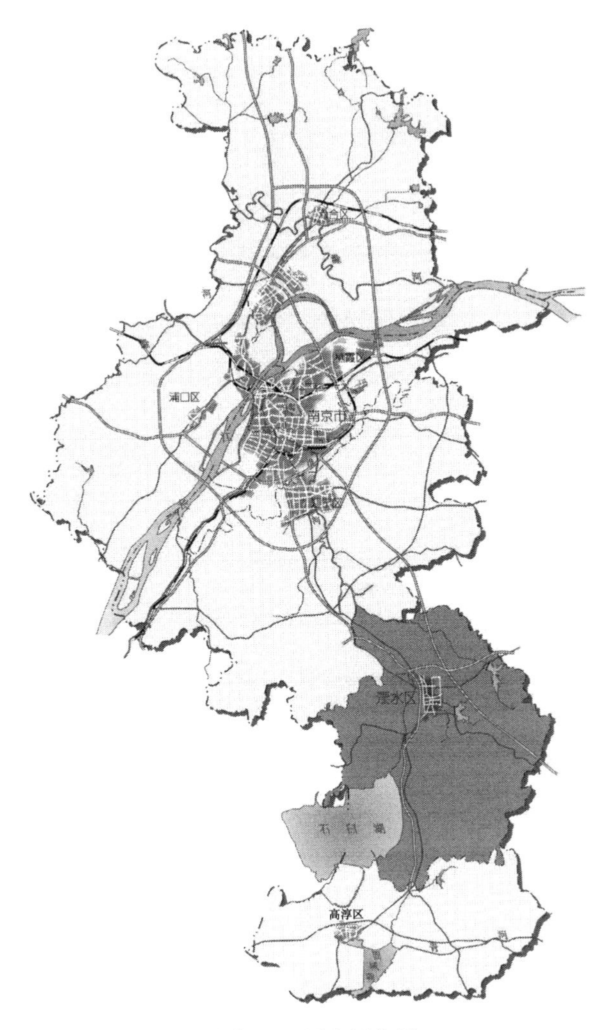

图 3-3　溧水区位图

的行政区划及名称（图 3-4），以在溧水地区的研究实践工作为基础，如无特殊说明，相应的现状支撑数据主要采用 2010 年数据，并以 2011～2015 年作为近期建设阶段，2016～2020 年、2021～2030 年为中期及远期建设阶段。

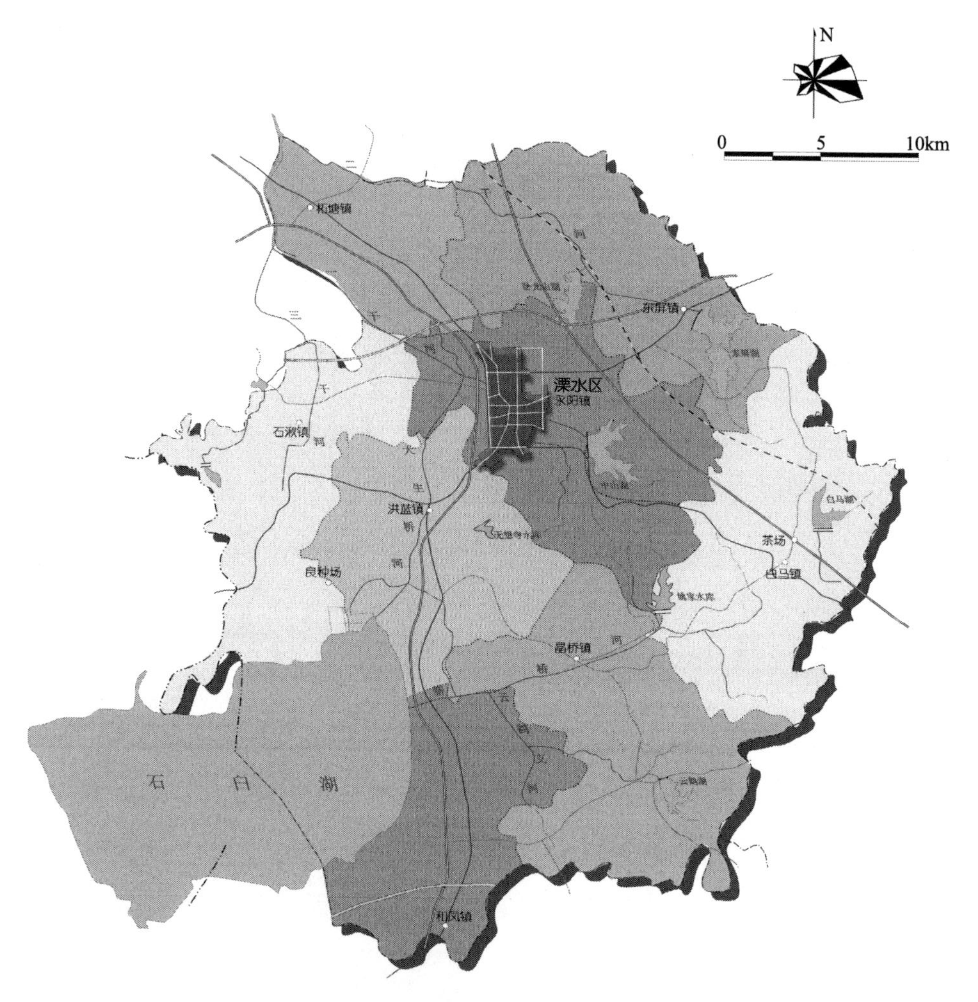

图 3-4　溧水行政区划图（2013 年）

一、溧水概况

溧水土地总面积 1067 km^2，占全省总面积的 1%，南京市土地总面积的 16%。2010 年末，溧水总人口为 41.33 万，人口密度为 387 人/km^2。

（一）自然环境

1. 区域地貌多样，河湖纵横，景观优美

溧水跨石臼湖与秦淮河两个流域，地势东南高、西北低，山丘岗冲及河湖平原地貌类型复杂多样。低山丘陵岗冲面积 773.4 km^2，占总面积的 72.5%；沿河沿湖平原地势平坦、开阔，面积 293.5 km^2，占全区的 27.5%；境内河渠交错，河湖相通，骨干河流 6 条，小（一）型水库 15 座，小（二）型水库 58 座。溧水是南京市山水林田景观镶嵌最为紧凑、轮廓最为优美的地区，其生态区位如图 3-5 所示。

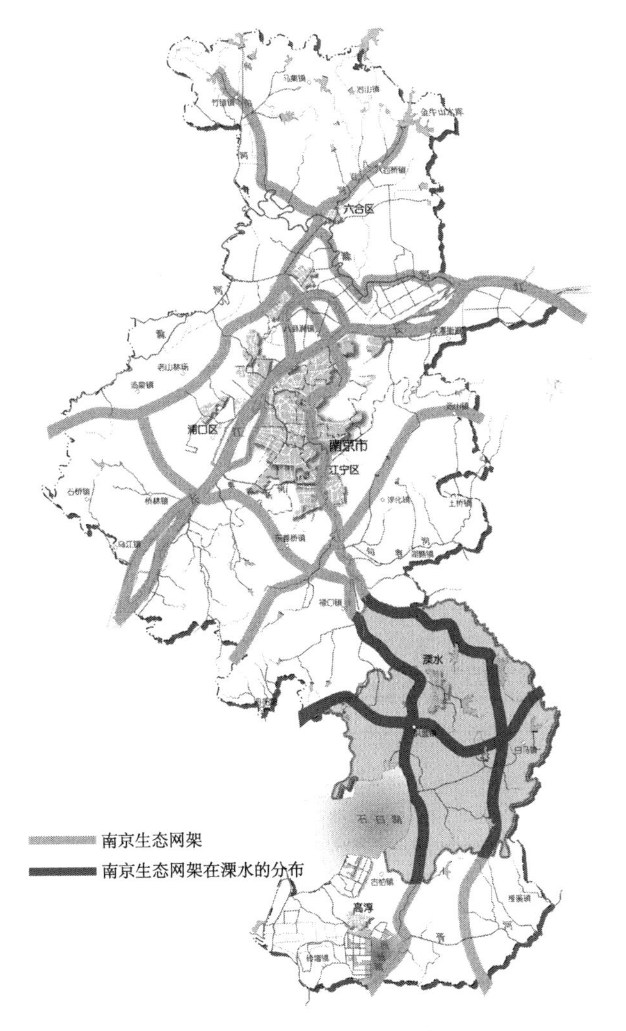

图 3-5　溧水生态区位示意图

2. 处于秦淮源头、茅山余脉，生态区位重要

溧水地处秦淮河的重要源头地区，一、二、三干河是百里秦淮的主要发源地之一，其水量的丰寡、水质的好坏、森林生态系统结构功能的完整性直接关系到南京市区的水域生态环境安全。溧水是南京市森林与水生生物物种较为丰富的地区之一，也是我国中亚热带植物物种向北亚热带过渡特征在江苏境内有少数保留的地区之一。境内东庐山等茅山余脉是南京主城周边地区释放生态服务功能、涵养水源最为重要的地区之一。总体来看，溧水生态服务功能的重要性程度较高，区域生态地位重要。

3. 气候适宜，土壤多样，生物资源丰富

溧水拥有四季分明的气候条件，年均温 16.6℃，日照时数 1921.6 h，多年平均降水量 1255.6 mm，水资源分配较为均匀；土层发育普遍较好，土壤类型多样，有黄棕壤、黄褐土、多种类型水稻土，有利于多种作物生长，其中农作物 100 多种，园林花卉 400 多种。常见的动植物有 1500 多种，其中鸟类 61 种，兽类 14 种，水生鱼类 60 余种，生物资源十分丰富。

4. 旅游资源种类较多，特色鲜明，生态旅游开发潜力较大

溧水旅游资源数量众多，种类齐全，布局合理。有“天生桥之奇、胭脂河之秀、东庐山之绿、秋湖山之幽”等自然景观，有永寿塔、观音寺、宋瑛墓等历史文化遗址遗迹，旅游资源丰富多样。以秦淮源为代表的山水旅游资源、傅家边为代表的农业旅游资源、卧龙湖景区为代表的商务休闲区、石湫影视基地为代表的影视文化创意产业区，以及以无想寺为代表的宗教旅游资源已初步形成特色。溧水自然山水、生态观光以及人文宗教相结合的丰富旅游资源，大都处于初级开发以及待开发阶段，具有巨大的开发潜力，可在南京市形成生态内涵丰富的古文化旅游区、商务休闲旅游区、乡村旅游集聚区以及影视产业旅游区。

（二）“十一五”期间经济与社会发展态势

1. 经济持续加速增长，产业结构不断优化

“十一五”期间，溧水地区生产总值从 2005 年的 84 亿元增长到 2010 年的 243.64 亿元（图 3-6），年均增速达到了 23.7%；财政收入从 7.01 亿元提高到 32.14 亿元，年均递增 35.6%；财政一般预算收入从 3.61 亿元提高到 20.02 亿元，年均增幅达 40.9%，绝对值由全省县市中的第 33 位跃升到第 24 位、人均从第 15 位提高到第 8 位，增幅连续四年在全市区县和苏南板块保持第一，“十一五”确定的“五年翻两番”目标提前一年实现，被市委、市政府树为“引领郊县经济腾飞的典型”。工业经济迅猛发展，形成了汽车及零部件、电子信息、机械制造、新型材料、轻工食品五大主导产业，对溧水经济增长的带动作用更加突出。三产服务业蓬勃兴起，金融、商贸、现代物流加速发展，形成了文化、旅游、住房、汽车等消费热点，三产增加值年均递增 18.5%。建筑业增加值年均增长 27.9%。现代农业加快发展，形成了有机蔬菜、经济林果、特种水产、优质畜禽四大特色产业和一批高标准的现代农业园区。三次产业结构调整到 9.2∶64.3∶26.5。

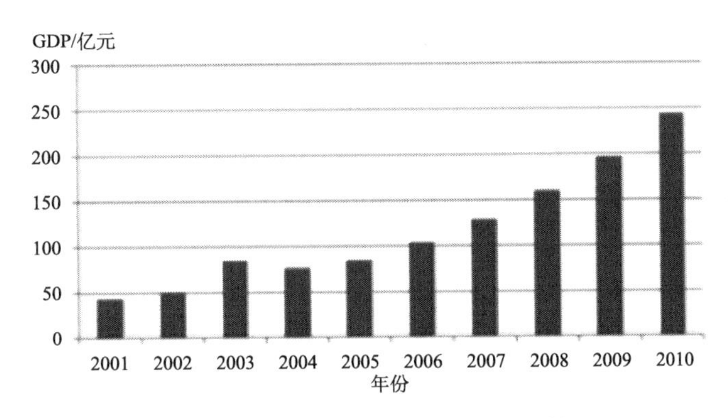

图 3-6　2001～2010 年溧水经济增长情况

2. 改革开放不断深化，转型创新取得进展

“十一五”以来，溧水完成了政府机构改革，服务效能进一步提高，主要工作成绩如下：第一，全面完成以产权制度改革为重点的深化企业改革任务，南京云海特种金属股份有限公司已成功上市，民营经济成为经济主体。第二，融资性担保机构和交通建设、城镇建设、清源水务投资公司等投融资平台不断做大，成立了 3 家担保公司和 1 家农村小额贷款有限公司，并组建了 225 家农民专业合作社、38 家农地股份合作社和 46 家社区股份合作社。第三，对溧水经济开发区、柘塘镇及东屏镇部分地区进行了区划调整，增强了溧水经济开发区的承载能力。县经济开发区规划面积由 28 km^2 扩大到 118 km^2，各镇工业集中区初具规模、各具特色，江苏白马现代农业高新技术产业园、江苏未来影视文化创意产业园已晋升为国家级产业园区。第四，有序推进医药卫生体制改革，实施了基本药物制度。第五，开放水平不断提高，2010 年实际利用外资 3.7 亿美元，实际利用内资 420 亿元，对外贸易出口总额 10 亿美元。

在一系列改革的利好下，经济转型步伐也进一步加快。一方面引进了创维电子等一批科技含量高、附加值高、污染低、能耗低的优势产业，并加大了对现有企业的技术改造，技改投入占工业投资的 30%，关停并转 45 家“五小”企业。

另一方面着力于增强创新能力，创建高新技术企业30家、技术创新和研发服务平台25家。2010年，高新技术产业产值占规模工业产值的9.7%，申请专利505件，全社会研发投入占GDP的1.07%。人才队伍也不断壮大，人才资源总量达6.8万人。

3. 城乡建设同步推进，基础设施不断完善

“十一五”期间，溧水拉开了建设框架，建成区面积由10 km^2扩大到23 km^2，城区人口增加到14万人，城镇化率达49.5%。建成了珍珠广场、西苑公园等一批市民广场和公园，通济街改造全面完成。新建城市道路21.2 km，改造提升城市道路8条，开通了南京至溧水和县城8条城市公交线路。国家园林城市和国家卫生县城创建顺利完成。村镇建设步伐加快，建成了一批农民集中居住区。农村环境显著改善，整治村庄320个。农业生产条件进一步提升，开挖疏浚县乡河道、大中沟71条，改扩建、疏浚骨干当家塘399座，第一轮河塘清淤通过省级验收，二干河综合整治二期、中山水库除险加固等重点水利工程全面完成。

同时，宁杭高速二期、沿江高速溧水段和243省道溧水段一级公路建成，宁杭城际铁路、溧马高速（溧水—马鞍山）、淳芜高速（高淳—芜湖）与246省道开工建设，境内秦淮河航道达到六级标准。建成了县汽车客运总站。改造县乡公路76.8 km，新建和改造农村公路700 km。创建了农村公路养护体制改革示范县和全省路政管理示范县。解决了13.36万人的安全饮水问题，城乡供水、供电等设施明显改善，保障能力进一步提高。

4. 生态环境持续改善，社会发展协调推进

新增绿化造林面积8.95万亩，建设绿色新村380个，启动了国家级生态县建设，森林覆盖率和城市绿化覆盖率分别达28.3%、40.8%。建成了县城垃圾处置场、城市污水处理厂一期及20 km截污管网，城市生活污水集中处理率达81.9 %，各镇也建设了污水处理设施。有20家企业通过了市级清洁生产审核，并对晶桥镇观山工业集中区化工企业进行了专项整治。二氧化硫、COD在2005年的基础上分别削减10.7%和17.4 %，环境质量综合指数稳定在80分以上。

义务教育入学率100%，高中教育入学率95.5%，高等教育毛入学率59.2%。完成了建制镇社区卫生服务中心和社区卫生服务站建设，新建了县人民医院和县体育公园。创建了省首批普及高中阶段教育先进县、省教育现代化建设先进县、全国计划生育优质服务先进县、省有线电视先进县、省人口协调发展先进县、省体育强县和省食品安全示范县。

5. 居民收入显著增加，保障水平稳步提高

2010年，农民人均纯收入、城镇居民人均可支配收入分别为10804元和24468

元，2001～2010 年年均分别增长 12.7%和 14.5%（图 3-7）。“十一五”期间，新增就业岗位 8.2 万个，转移农村劳动力 9.5 万人次，城镇失业人员就业 1.7 万人，城镇登记失业率控制在 4%以下。企业职工养老、医疗和失业保险覆盖率 98%以上，新农保参保率 99%，新农合参保率 98%，城乡低保实现应保尽保。每百名老年人拥有机构床位 2.2 张，对城乡 70 周岁以上非财政及社会保险基金供养的老年居民增发一次性养老补贴，高龄老人发放长寿补贴。建成经济适用房 640 套、廉租房 80 套，农村危房实现“有一改一”。

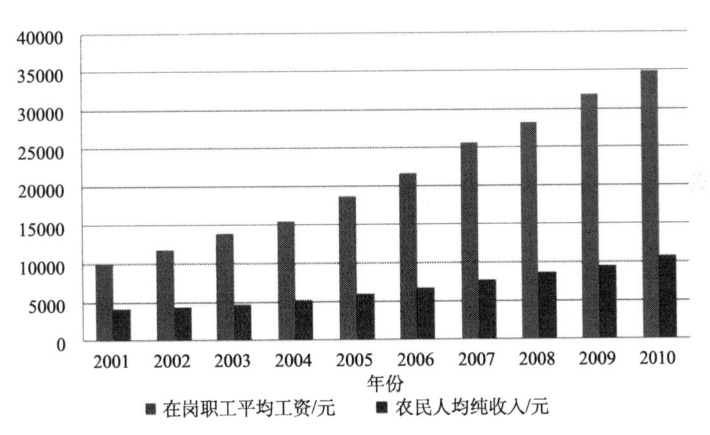

图 3-7　2001～2010 年溧水居民收入增长情况

二、溧水村镇生态环境支撑系统建设指导思想

以科学发展观统领社会经济全局为指导，以统筹人与自然和谐发展为主线，以促进传统经济与社会的生态转型为导向，以污染控制、生态环境保护和城乡一体的生态安全体系建设为重点，突出溧水特色，密切配合“环境优先、工业立县、三产兴县、科教强县”四大战略的实施，有组织、有计划、有步骤地推进村镇生态环境支撑系统建设，并逐步向生态文明区过渡，建立可持续的循环经济发展模式、资源开发保护模式和环境支撑体系，诱导形成一种融传统文化与现代技术为一体的生态文明，实现区域内社会、经济、生态环境的整体优化和最佳运行。

以科学发展观为指导。牢固树立和贯彻落实科学发展观，是高质量、高起点建设溧水村镇生态环境支撑系统的内在需求，必须在建设目标定位、建设框架构建、建设重点确定、建设项目安排上充分体现以人为本、全面、协调、可持续发展和“五个统筹”的要求。

以统筹人与自然和谐发展为主线。村镇生态环境支撑系统建设是一项涉及经济、社会、生态、环境各个方面的系统工程，是通过经济生态化、生态良性化、环境优美化和社会文明化建设，促进经济、社会与资源环境的协调和人与自然和谐共处，达到经济社会-生态-环境复杂巨系统的整体效益最优，真正实现可持续发展。积极促进经济、社会与生态环境之间的良性循环，实现经济现代化、社会进步、生态环境之间的良性互动。

以促进传统经济与社会的生态转型为导向。村镇生态环境支撑系统建设不同于单纯的环境治理和生态保护，其核心是将生态理念渗透、贯穿到经济、社会发展的各个方面和各个层面，加强全社会的生态文明建设，促进经济增长方式的生态转型，建立起文明、现代的生产和消费生态模式。

以污染控制、生态环境保护和城乡一体的生态安全体系建设为重点。加快落实江苏省环保大会精神，发展与保护环境并重，污染控制与发展经济同步，通过“环保+优先”政策措施的贯彻落实，实现环境质量的明显改善；实施生态空间管制和城乡统筹，建设城乡一体化的生态安全体系，提高城乡复合生态系统的自我调节能力，以保障溧水社会经济快速发展和人民生活质量全面提高。

三、溧水村镇生态环境支撑系统建设原则

溧水村镇生态环境支撑系统的建设必须坚持以下基本原则：

1. 持续发展，注重协调

以经济建设为中心，着力于改变经济增长方式，实现经济增长由量的扩张向量质并举转变，注重解决发展中的问题，积极促进经济、社会与生态环境之间的良性循环，实现经济现代化、社会进步、生态环境之间的良性互动。

2. 整体推进，彰显特色

以产业化、城市化与功能化联动为动力，整体推进城市与乡村的生产力布局、资源配置和生态环境建设，充分利用现有的基础和条件，形成富有溧水特色的村镇生态环境支撑系统发展格局。

3. 统筹兼顾，突出重点

村镇生态环境支撑系统的建设作为一个复杂的系统工程，其内容涉及社会、经济、自然等方面，要统筹兼顾各地区、各行业以及各部门的需求，并使之在村镇生态环境支撑系统建设中都得到有机融合。同时，在经济实力有限的条件下，必须针对村镇生态环境支撑系统建设的薄弱环节，重点加以突破解决。

4. 把握主线，分步实施

村镇生态环境支撑系统的建设是一个不断完善和巩固的过程，必须把握主线、分步实施。应在村镇生态环境支撑系统建设规划的统一指导下，把握生态建设和环

境保护主线，分清主次，优先建设对溧水有广泛影响的重点区域、重点工程和重点项目，然后以点带面、分步实施，有序推进生态环境的保护、治理、恢复和建设。

四、溧水村镇生态环境支撑系统建设定位与目标

（一）建设定位

依据溧水的特色优势、经济社会发展特征和所处的发展阶段，确定溧水村镇生态环境支撑系统建设的战略总体定位是：长三角都市型农业生态建设的示范区、南京都市圈产业生态转型的先行地区、南京大都市的生态花园和休闲居住地。

长三角都市型农业生态建设的示范区：溧水地处长三角区域，距南京市区仅50 km，离南京禄口国际机场仅18 km。区内农业资源丰富，不仅有大片的、土地肥沃的丘陵冲田，而且有适于发展水产养殖的大面积湖泊、水库、河流和池塘水域，更有益于发展经济林果、食草动物和旅游农业的大面积低山丘陵。区内已经形成具有一定生产规模和市场知名度的有机蔬菜、黑莓、茶叶和波杂羊等重点产业，形成了青梅、草莓、獭兔、优质家禽、蜂业、特种水产、桑蚕、花卉苗木、山栀、苎麻等特色产业和以傅家边农业科技园为代表的新兴产业。通过进一步发挥资源环境和区位产业优势，从建设都市型生态农业建设入手，加快构建富有溧水特色的农产品产业带及无公害、绿色和有机农产品基地，实现农业生产技术现代化、过程清洁化、产品无害化、内涵生态化，把溧水打造成长三角都市型农业生态建设的示范区。

南京都市圈产业生态转型的先行地区：依托溧水“工业立县、三产兴县”的战略机遇，发挥溧水在南京都市圈东西南北产业承接与辐射的优势，加快推进以五大主导产业为核心的工业生态转型与循环产业链建设，以无公害、绿色、有机农副产品生产基地建设为重点的生态农业建设，以及以旅游资源保护与开发相结合为特色的生态旅游产业建设，将溧水建设成为独具特色的生态产业格局示范区和南京都市圈中先行的区域之一。

南京大都市的生态花园和休闲居住地：充分利用溧水“真山真水、天然氧吧”的山水生态特色和丰富的历史、文化资源，结合假日经济发展，把环县城的石臼湖、东屏湖、卧龙湖、无想山、东庐山、傅家边、天生桥等重点风景区建设成风格各异的特色景区；大力发展私人庄园、主题乐园、临湖会馆、景观别墅等旅游休闲度假设施，形成以休闲度假为主体、历史文化景点为特色、民俗文化为补充、生态环境为基础的新型旅游项目布局；强化旅游休闲业和都市型农业的发展，搞活房地产市场，构筑优美的人居环境，把溧水建设成为南京大都市的生态花园和休闲居住地。

（二）建设目标

1. 总体目标

至2020年，将溧水建设成为经济生态高效，资源集约利用，生态环境友好，社会文明和谐，经济、社会、资源、环境高度协调统一的现代化生态县区。

经济发展方面，通过推动绿色化、生态化、循环化发展，实现产业的生态转型。建立富有溧水特色的都市型生态农业体系，加快汽车及零部件、电子信息、机械制造、新型材料、轻工食品五大主导产业的生态化改造，完善生态工业体系，建立以现代服务业为主体的生态服务业体系。

生态空间安全方面，以生态功能分区和生态空间管制为手段，通过生态保护空间控制、生物多样性维持、特殊生态服务功能区的保育，基本构筑起人与自然和谐的生态安全格局。

环境保护方面，通过加强污染控制和环境治理，使溧水全区大气、水环境、声环境质量全面达标并不断得到提升，固体废弃物无害化处理取得明显成效，工业、农业面源和生活污染得到有效控制，实现城乡环境质量全面提升和区域生态环境系统的基本稳定。

资源利用方面，加强水、土、矿山、森林等资源的充分供给和高效利用，大幅度提升资源集约利用、循环利用水平，基本建成适应溧水发展需要的资源保障体系。

文化建设方面，建立完善的法规体系和健全的管理体制，普及生态科学知识和生态教育，培育和引导生态导向的生产方式和消费行为，形成提倡节约和保护环境的社会价值观念，塑造一类新型的决策文化、企业文化和社区文化，基本形成以资源节约和环境友好型社会建设为核心的生态文化氛围，使溧水历史文化资产得到有效保护，历史文明、现代文明得以发扬光大。

至 2030 年，将溧水建设成为生态文明观念牢固、生态文明意识显著提高、生态环境友好型产业体系完善、生态社会建设卓有成效，低碳发展、节能发展、品质发展的现代化国家生态文明县区。

2. 阶段目标

村镇生态环境支撑系统建设是渐进展开、逐步完善的过程，以 2010 年为基准年，为有序推进村镇生态环境支撑系统建设，要围绕总体目标开展阶段性目标建设，整个建设过程具体分为三个阶段，包括全面建设阶段（2011～2015 年）、巩固提高阶段（2016～2020 年）、生态文明县创建完善阶段（2021～2030 年），各阶段建设目标如下。

（1）全面建设阶段（2011～2015 年）。全面推进产业、空间、环境、人居以及文化等方面的生态建设，重点促进产业生态转型，改善城乡人居环境，加强污染源治理和环境综合整治，提高生态文明程度，初步建立景观特色鲜明的生态支撑体系、可持续利用的生态资源承载体系、布局合理的生态城镇体系、低耗高效的生态产业体系、文明和谐的生态文化体系以及舒适安定的生态人居环境体系，全面达到村镇生态环境支撑系统建设指标，村镇生态环境支撑系统建设取得显著进展。规划主要任务如下。

继续按循环经济模式调整和优化产业结构，使单位 GDP 能耗、单位工业增加值新鲜水耗分别控制在 0.5 t 标煤/万元、10 m^3/万元以内，农业灌溉水有效利用系数大于 0.65，有机、绿色及无公害种植面积占食用农产品种植面积的比例达到 80%，规模化畜禽养殖场粪便综合利用率达到 95%，化肥施用强度（折纯）控制在 200 kg/hm^2。

加强城乡基础设施建设，改善城乡人居环境。使城镇人均公共绿地面积达到 25 m^2/人以上，集中式饮用水源水质达标率与村镇饮用水合格率达 100%，农村卫生厕所普及率达 98%以上，城镇生活污水集中处理率达到 85%。

进一步完善生态空间安全体系和强化重要生态功能区保护，使重要生态功能保护的红线区、黄线区得到全面落实，自然保护区面积达到国家规定的标准，森林覆盖率达到 30%。

进一步加强污染物治理力度，主要污染物二氧化硫和化学需氧量排放强度继续得到有效削减，化学需氧量（COD）排放强度降到 2.0 kg/万元 GDP 以下，末端处理达到污染物总量控制要求；大气和水环境质量继续得到有效改善，全面达到功能区的要求。

经测算，截至 2015 年，溧水已达成全面建设阶段（2011～2015 年）的各项规划指标的具体要求，并于 2014 年被国家环保部授予“国家级生态示范区”称号。其区位优势、后发优势、生态优势逐步凸显，为实现村镇生态环境支撑系统建设的巩固提高阶段（2016～2020 年）打下了良好基础。

（2）巩固提高阶段（2016～2020 年）。全面优化生态环境，巩固和完善生态产业、生态空间、生态环境、生态人居以及生态文化五大体系，基本形成五大主导产业的循环连接，建立起产业、园区绿色化、生态化的雏形，生态农业和生态服务业获得充分发展，生态空间安全得到全面保障，生态环境维持良好状态；人的素质全面提高，生态文化建设普及，生态意识深入人心。经济繁荣，生活富裕，社会和谐，经济社会环境的协调程度达到国内外先进地区的水平。

城镇生活污水集中处理率达到 95%，工业固体废物处置利用率、城镇生活垃圾无害化处理率均维持在 95%，水、气、噪声环境质量全面达标；工业用水重复利用率大于 90%；农村生活用能中新能源所占比例达到 60%以上；城镇人均公共绿地面积高于 28 m^2，受保护地区占国土面积比例达到 35%；环境保护投资占 GDP 的比重达到 3.8%以上，公众对环境的满意率达到 100%。

（3）生态文明县创建完善阶段（2021～2030 年）。生态经济发展进一步加快，产业结构进一步优化，绿色工业园区建设取得积极进展；生态意识、文明程度明显提高，尊重自然、爱护环境的道德风尚逐步形成；经济发展方式进一步转变，循环经济、低碳经济和环保产业比重明显增加，节能减排取得显著效果，资源利用率显著提高；生物多样性保护取得重大进展，水环境安全保障程度明显提高，生态环境良好的优势地位进一步巩固；绿色消费和节约资源的生活方式逐步成为社会主流，城镇环境基础设施基本完善；节约资源和保护生态环境的机制进一步完善，人与人、人与自然、人与社会和谐发展，资源节约型和环境友好型社会基本形成。

第四章　支撑村镇发展的宏观生态格局

第一节　村镇生态格局研究内容与方法

村镇生态环境作为村镇生态系统的基本组成要素，既承担了区域生态基底与村镇发展要素支撑功能，对减少环境冲击、恢复村镇生态系统平衡起到重要作用，同时也是村镇生态相关产业发展、乡村生态经济培育的重要基础资源。随着村镇建设不断推进，建设发展要求与生态保护的矛盾日益凸显。村镇生态格局研究是在对生态系统客观认识和充分研究的基础上，运用生态学原理，关注村镇区域尺度的自然要素分布、格局与过程的关系、等级尺度问题、生态环境问题、干扰影响、生态系统恢复以及村庄社会经济发展等内容。

村镇区域生态格局分析的必要性体现在：一方面，由于村镇自身的区域性特征，村镇与区域的生态关联极为密切，村镇生态价值的体现拓展到区域层面，识别区域中村镇生态格局的优势面和薄弱面，是村镇生态建设目标提出和措施能够落实的前提；另一方面，通过对区域中重要的生态资源保护利用空间与村镇建设发展空间进行先行的区域协调，可避免村镇建设拓展行为与区域重要的生态保护空间起冲突。此外，为实现以尽量少的村镇建设投入换取尽可能大的村镇生态环境保护效果，且对村庄周边环境的干扰最小，也需要在生态功能分区的指导下，确定投入产出的最关键空间，使之能够在区域层面的生态发展中发挥由点及面的效果。

一、村镇生态格局的研究内容

村镇生态格局研究主要包括以下内容。

1. 生态网络分析

在揭示各自然要素分布规律的基础上，综合分析各要素的空间分异特征、结构组合和区域分布，以把握区域生态网络架构，保障自然生态系统的完整性与稳定性，为其他村庄生态组成部分及村庄可持续发展提供一个稳定的环境本底和生态支撑系统。

2. 生态功能分区

生态功能分区是对区域生态环境客观特征进行总体认识和功能定位，在对区域生态系统所具有的生态服务功能的类型、分布及空间分异特征进行正确评估与计量的基础上，研究人类活动对生态环境的胁迫过程、压力和强度，以及区域生态环境对人类活动的敏感程度。辨识对维护区域生态安全、保障区域经济快速发展、提升人居环境质量具有重要作用的重要生态功能区，最终提出生态功能区划，明确各功能区的生态环境功能。

3. 生态管制分区

生态管制分区是在生态网络分析与生态功能分区基础上的空间管理策略，是根据生态系统的结构和功能特征，统筹考虑人类社会经济活动与生态环境之间的影响关系基础上，提出的分区管理、分类指导的生态环境管理方法；是从资源环境承载力角度，科学引导区域经济社会发展布局的重要手段，以在制度机理上真正有效贯彻可持续发展理念，实现保护和改善生态空间。

二、村镇生态格局的研究方法

1. 方法框架

依据“提出问题—分析问题—解决问题”的基本逻辑，制定出村镇生态格局研究的方法框架（图 4-1）。主要步骤为：①村镇区域生态问题分析。以遥感分析和现场调研为基础，关注被扰乱的生态格局、被阻断的生态过程、需要保护的重要生态空间以及对上位生态规划的遵循。②村镇区域生态网络分析。全面总结村镇区域生态格局结构性特点，识别重要生态空间、潜在廊道和战略斑块。③村镇

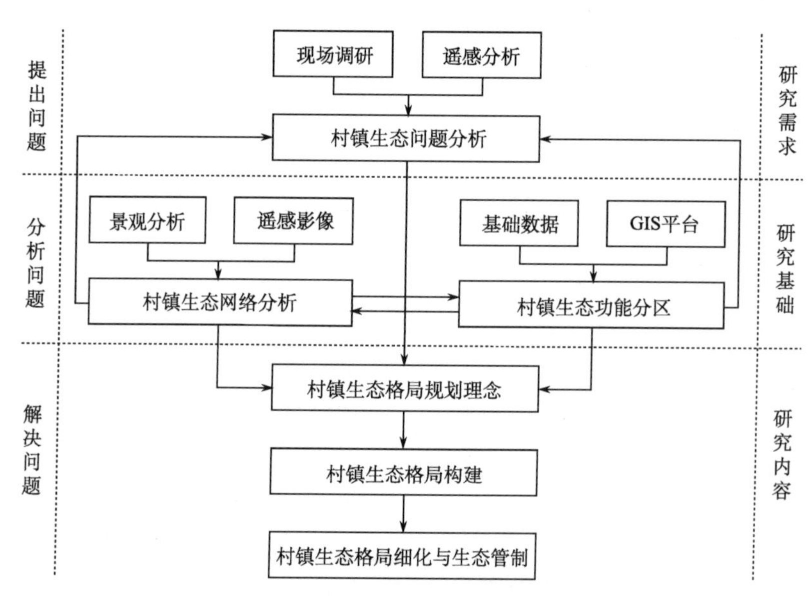

图 4-1　村镇生态格局研究的方法框架

区域生态功能分区。结合生态环境约束性与社会经济综合发展潜力，实现空间功能的定位。④村镇区域生态管制。在生态现状特性分析和功能分区的基础上，提出进一步细化和落实的管制分区与措施，保障村镇区域生态格局与村镇的健康稳定可持续发展。

2. 主要方法

对于区域空间的组织多采用区划方法，区划方法是许多学科常用的实践手段，是针对区域内分异规律提出划分区域单元的方法，各区划制定的原则与依据是由区划的尺度、目的及对象的特点所决定的。目前，区域空间规划中更偏重以经济区划的形式实现经济的空间落实与组织过程，而并未将区域生态环境建设与保护的内容完整纳入进来。这种以经济区划涵盖对区域内生态分异总结的生态忽略区划方法在客观上存在不足，特别是对于村镇、县域这类较小尺度的区域空间，自然生态的分异在更大程度上影响着区域城乡空间与基础设施的布局。因此，从生态环境建设的角度上看，引入针对区域空间的生态区划机制十分必要。将诸如生态功能分区、生态管制分区等的生态区划方法引入区域空间区划中，目的是针对区域发展与区域生态环境保护和资源利用之间的关系，制定针对性的科学空间发展策略，是对以往片面追逐经济利益和过于迁就经济的区划方法的修正。

在实际研究中，常用的区划方法包括以下两种。

（1）空间叠置法。如图 4-2 所示，可利用 GIS 技术，通过自然生态区划、经济区划和其他因素区划的叠合来完成。

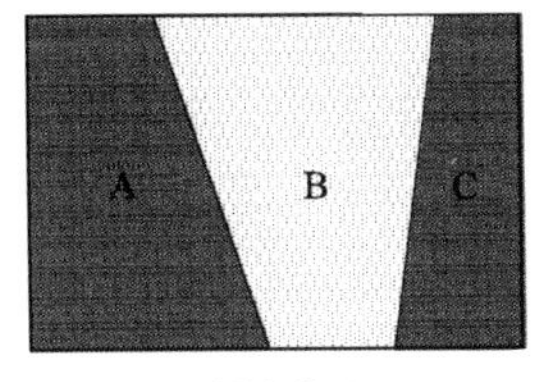

经济分区

+

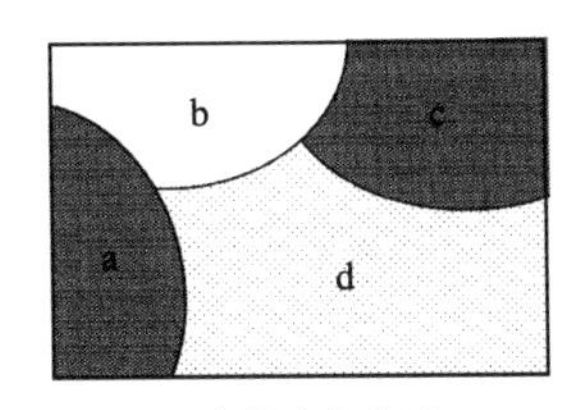

自然生态分区

=

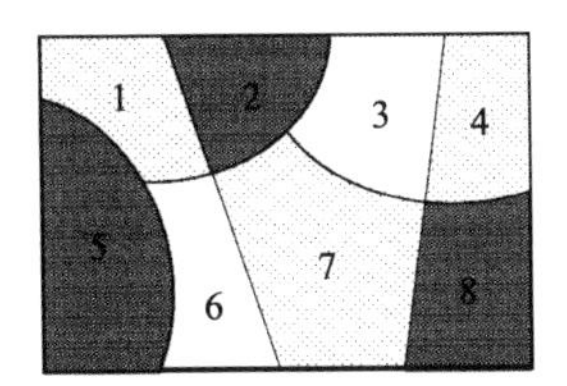

综合生态分区

图 4-2　村镇综合生态分区示意图

（2）评价指标体系法。如图 4-3 所示，利用多因子综合评价的基本原理，将多项地理环境因子和自然生态因子纳入指标体系，选择分级加权的方式制定分级评价表，通过对相应指标进行赋值和打分，再利用 GIS 技术对村镇生态区域进行分级分区评价。

以下以溧水为实例，从生态网络分析、生态功能分区、生态管制分区三方面进行溧水村镇生态格局研究，以实现在南京市总体生态网架基础上，构建溧水生态防护网架；以指导全县及各乡镇环境–经济协调发展为方向，明确生态功能区划；

以保育和保护重要生态功能区（分为红线区、黄线区）为方向，明确生态管制类型区。通过溧水村镇生态格局研究，充分发挥溧水生态服务功能优势，保障村镇生态及村镇的可持续发展，并有序引导产业布局、结构调整与城镇化进程。

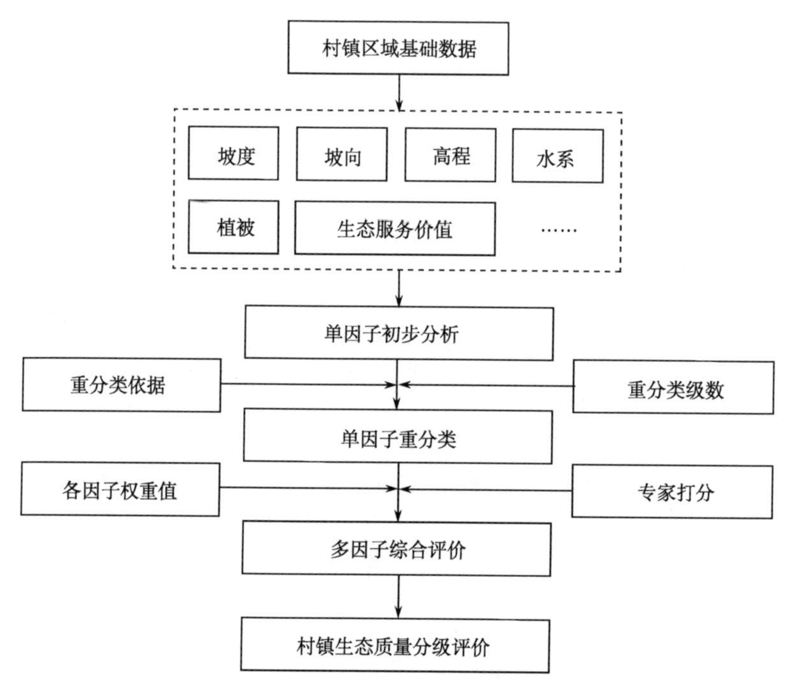

图 4-3　村镇生态质量评价技术路线图

第二节　生态网络分析实践

一、生态网络的内涵

1. 生态网络

生态网络（ecological network）源于北美景观建筑和规划术语，有时也被称为绿道网络（greenway network），是由具有生态意义的保护地斑块和生态廊道所组成的基本生态设施（ecological infrastructure）（郭纪光，2009）。Little（1990）最初把生态廊道定义为沿着自然走廊（如河滨、溪谷、山脊线等）或是沿着人工走廊（如用作游憩活动的沟渠、风景道路等）所建立的线性开敞空间。Hay（1991）认为生态网络是具有联系公共开敞空间特性的线性景观链。Searns（1995）认为生态廊道是服务于人类、动物、植物和水体运动的绿色走廊（green channel）。Ahern（1995）指出生态网络是由“点—线”模式构成，在规划设计和政策管理双重作用下构建的网络结构体系，它兼备生态自然保护、文化休闲娱乐、美学、交通等多重复合功能。由此可见，生态网络是由不同类型的生态节点和纵横交错的生态廊道构成的，其通过网络中生物有机体之间的交流并结合所嵌入的景观基质，将一系列的生态系统连接成为一个空间连贯的系统，目的在于维持人类活动影响下的生态过程的完整性。

在生态网络中，其生态功能如网络自身一样极具多样性：其可提供野生动物栖息繁衍场所，保持动植物群落之间物质能量有机交流，确保生物种群的多样性结构，以及确保生态景观的健康可持续生长等。科学家认为生物多样化的“克星”是生态环境的破碎性，而生态网络恰恰能消除生态环境的破碎化，并能确保生态多样化功能。它可以在空间上提供动植物沟通的生态廊道，把分散的不同斑块栖息地有机连通并进行互相交流，以此缩减因生境破碎而带来的不良影响。

乡村是一个人工复合型生态系统，是自然生态网络的组成部分之一。由于生态系统网络具有提供栖息繁衍地，保护生物多样性及维护生物种群间的交流等作用，对于乡村而言，生态功能的良好发挥需要依托完整复杂的自然生态网络系统，并且其内部之间的物质、能量和信息的流通与传递均需依赖县域这个更大的自然生态系统网。因此，作为县域自然生态系统网的关键节点，村镇只有维护本土及周边生态系统的完整，才可为县域生态环境健康发展提供关键保障，而生态网络是构建良好村镇生态环境的重要组成部分。此外，市县对于保护生态网络安全和谐发展也具有不可推卸的责任。

2. 生态网络构建的必要性

生态系统内部及各生态系统的组成要素和空间元素之间，存在着不间断的物质、能量交换与流动，如水、动植物等的空间迁移。这种空间迁移不断塑造着区域的地表外貌以及动植物的分布状况，形成了区域生态系统中的物质与能量循环系统。而生态网络就是保证这种循环能健康运行的物质体现，它由各种生态景观元素，依照自然或人为规律连接而形成网络空间，包括了河流、山体、农地、绿地等各种自然空间。生态网络的构建有助于对村镇生态系统进行客观认识和充分了解，促进人工环境与自然环境的协调，将自然空间和人工空间融合在一起，构成一个自然、多样、高效，并具有一定自我维持能力的动态绿色景观结构体系。

另外，由于生态网络关注的是水平生态流动，强调生态循环过程，这在某种程度上可以弥补生态敏感性分析带来的缺陷。这是因为生态敏感性分析从方法上属于垂直生态过程分析，它是通过单元地块内生态要素的叠加来评判生态敏感性的高低，无法表达水平生态流动过程。这就可能导致部分生态敏感性不高但对生态系统的完整性具有重要作用的区域被忽视，而这种忽视将直接导致区域生态系统质量的降低。因此，生态网络的构建可为村镇区域资源的开发利用和环境保护，以及为经济的可持续发展提供科学依据。此外，由生态网络形成的“底”可以更直观地对县域村镇体系建设及村镇用地布局起到引导作用。

3. 生态网络构建途径

目前，生态网络的构建一般运用景观生态学中的“斑块—廊道—基质”景观分类模式进行研究。其中，“斑块”泛指与周围环境在外貌或性质上不同并具有一定内部均质性的空间单元，如孤立山体、湖泊等；“廊道”是指景观中与相邻环境不同的线性或带状结构，如河流、农田防护林、道路等；而“基质”是指景观中分布最广、连续性最大的背景结构。该分类模式普遍适用于各类景观，也就是说景观中任意一点都有所归属，或是属于某一斑块，或是属于某一廊道，或是属于作为背景的基质。

生态网络主要由景观斑块和生态廊道组成，而通过对景观生态资源的调查与分析，采用“连藤结瓜”的规划方式，使生态廊道与景观斑块有机连接，是生态网络构建的主要内容。具体地讲，就是以廊道作为景观空间联系的主要结构，维护各自然残遗斑块的生态联系，如山林、水体等自然斑块之间的空间联系（包括动物迁徙廊道），而对于村镇内部空间而言，则需维持其散落的残遗自然斑块与作为其景观背景的自然山地、水系或农田之间（也称为基质）的联系。这样形成的内外相互联系、相互循环的生态网络就共同构成了区域的生态基础。

在本书的实例中，主要根据溧水的地貌、水系轮廓格局，以及自然生态斑块的空间连接和多种生态服务功能的集聚特征，按照确保区域自然生态系统结构的完整、过程的有序以及功能的高效、确保实现区域发展与生态空间安全体系的协调、利于加强重要生态功能区保护、严格控制边建设边破坏、加强对开发建设的生态约束以及受损生态系统的生态补偿对策的落实等原则，构建溧水生态网络架构。

二、生态网络形态组成

溧水是百里秦淮的源头，境内丘陵起伏，河湖纵横，生态环境优良。考虑与南京市生态网架相呼应，构建溧水区域宏观尺度“两横两纵”的生态网络架构（图 4-4）。

1. 中部一横：朱家边—西横山山体通道

从朱家边起始，沿袁白公路（高岗地）到县茶场、七里岗、贺家山、官塘、栀子岗、路子山，穿秋湖山、双尖山、马鞍山、平安山主峰，经西旺到胭脂岗，到天生桥闸跨天生桥河，到燕子口入小茅山主峰，再经彭家、马上山、翟家、左山、王家店，过罗家进入安徽境，又折而向西北入西横山。

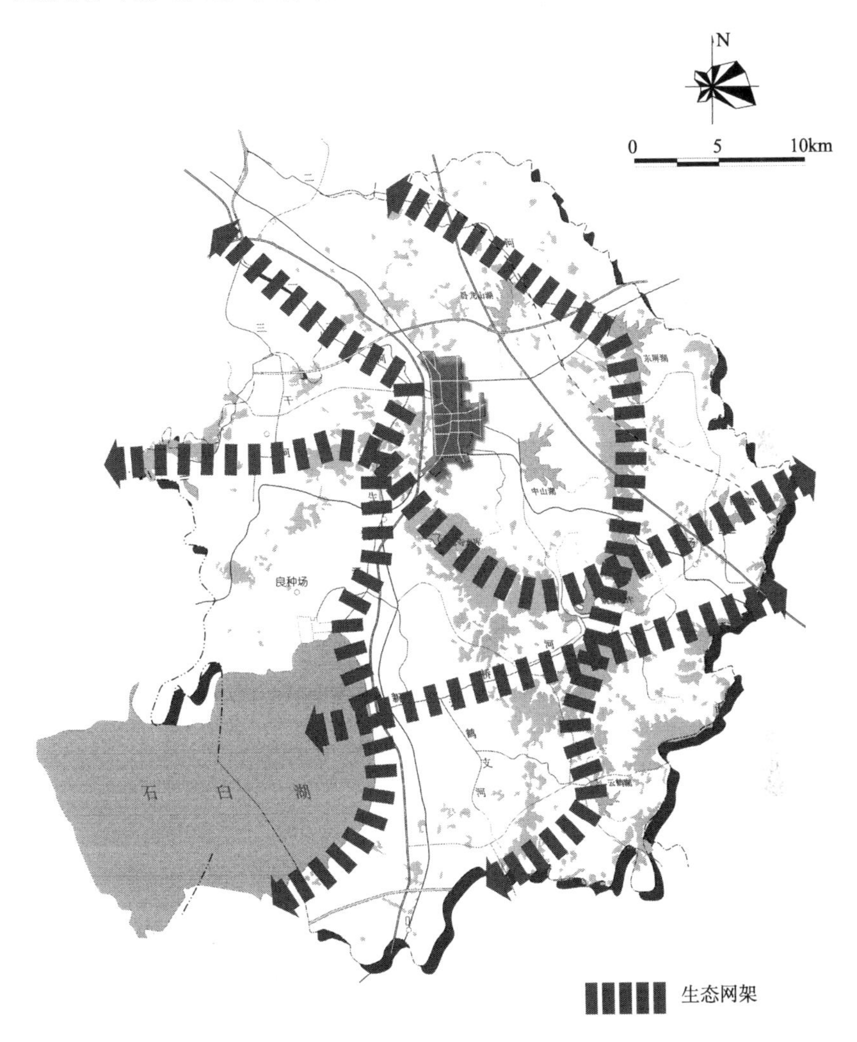

图 4-4　溧水生态网架示意图

中部一横主要涵盖区域主要水系的源头和分水岭，生态系统中的自然组分比例高，是区域自然生境和乡土物种保留地，不仅具备区域生态流通的源功能，对区域生态系统的稳定也起着控制性和生态源的作用，更为都市、产业布局提供了适度的生态空间及其服务功能的安全保障和控制方向。

2. 南部二横：老鸦坝水库—新桥河—石臼湖水体通道

从老鸦坝水库，沿新桥河至石臼湖。老鸦坝水库集水面积 17.5 km^2；新桥河全长 26.3 km，汇水面积 204.4 km^2；石臼湖湖泊面积 207.7 km^2，属溧水的面积为 90.4 km^2，汇水面积 582.5 km^2，水系内主河道全长 53.6 km。

南部二横为区域水系上游生态敏感区，承载重要的生态服务功能，应科学规划产业的发展方向和空间布局，运用循环经济理念指导和风镇工业园区的运营和建设，充分利用该生态通道的水环境优势，建立溧水特色的生态农业和生态旅游产业带。

3. 东部一纵：二干河—云鹤山—芝山以山体为主的山水复合生态通道

沿二干河，经云鹤山，至芝山。二干河全长 25.6 km，汇水面积 227.1 km^2；北部为秦淮河源头，中部是石臼湖水系的源头，东南部属太湖水系。

东部一纵作为今后城镇景观源和生态控制骨架，发挥着“分割屏障”和“绿岛”作用，对区域生态系统的稳定起到重要的生态源作用，具备一定的区域生态流通的源功能。同时也可为溧水地区的可持续发展留足生态保护空间，确保区域规划建设的重要生态功能区面积得到落实。

4. 西部二纵：一干河—天生桥—石臼湖水体生态通道

一干河全长为 28.3 km，汇水面积 173 km^2；天生桥河为明代人工开挖而成，沟通了秦淮河水系与石臼湖水系。

西部二纵为承载溧水生态环境的稳定性骨架和展示溧水文脉的风景线，具有重要的生态功能、休闲功能及景观与环境教育功能。应积极开展河流综合整治、生态恢复与重建，将县城公园、苗圃、农田、自然保护地等纳入绿色网络，使水系廊道围绕、穿越城镇。

三、生态网络保护对策

景观生态学中，为推动景观格局与生态过程的定量化分析，基于大气污染中的“源”“汇”理论，提出了“源”“汇”景观的概念和理论。该理论认为，在格局与过程研究中，异质景观可以分为“源”“汇”景观两种类型，其中“源”景观是指那些能促进过程发展的景观类型，“汇”景观是指那些能阻止或延缓过程发展的景观类型。区分的关键在于判断景观类型在生态过程演变中所起的作用，是正向推动作用还是负向滞缓作用（陈利顶等，2006）。依据此概念，可将区域生态空间划分为生态源区、生态汇区、生态渠（流）区。生态源区指提供人类社会存在和发展基本生态源动力的区域，包括水源区、自然保护区等；对生态源进行消耗的区域称为生态汇区，包括工业区、农业区和商贸生活区等；生态渠（流）区则是生态源区和生态汇区之间的纽带，是两者之间能量、信息、资源传递的通道，一般包括交通要道、主要河道、城市绿带、生态廊道等。对于生态源、汇区的识别有助于明确区域生态空间结构，为生态建设与保护指明关键生态区域。

基于生态网络架构与生态源、汇区识别（图4-5），溧水区域生态网络保护对策如下。

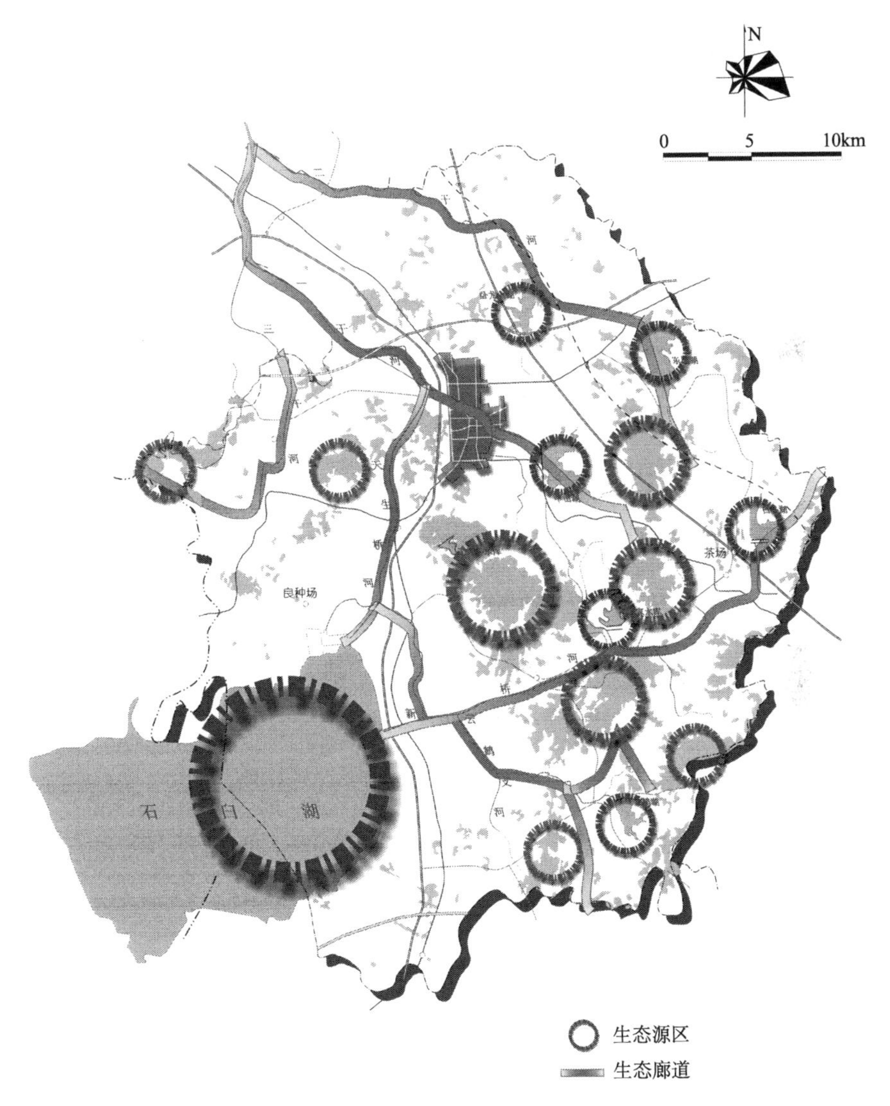

图4-5　溧水生态源区、生态汇区与生态廊道

1. 加强生态源区保护，增强源区生态服务功能拓展与扩散的能力

对生态源区进行保护、保育及自然恢复；加强生态源区的物种多样性与生境结构、功能完整性保育与保护；加大受重点保育植被群系及地点的保护力度。

2. 科学组织源区之间的生态连接，强化自然生态廊道的通畅运行

自然生态廊道是维护和建设控制物质、能量和生态信息交流的重要通道，为强化其功能的发挥，应注重保留和维护主要河道的自然形态，着力拓展河流空间，维护河流的生命活力；对连续山体、大河干道等主要自然生态廊道应建立完善的防护体系，并将各生态源区或生态汇区连接为一个稳固的生态网架；精心维护各生态通道的交叉点、脆弱点，以保持生态通道的畅通和健康。

3. 多尺度地协调生态源区保护与城镇建设和产业发展的空间关系

改善城区人居环境；以生态优先的原则划定限制建设区；规划集聚与扩散有致的城镇空间结构形态，构建和保护城镇之间的绿色生态空间；结合山水格局，加强对城镇之间山体绿地的保护和恢复；有序引导沿河、沿主要交通路线的产业开发和重点城镇建设。

第三节　生态功能区划实践

一、生态功能区划的内涵

1. 生态功能区划

生态功能区划是依据区域生态环境敏感性、生态系统受胁迫的过程和效应、生态服务功能重要性及生态系统的整体联系性、空间连续性及相似性和相异性而进行的地理空间分区。一般分为生态保护区、生态过渡区和发展区。

（1）生态保护区是为保护有重要生态价值的生态系统（自然保护区、重要水源涵养地等），以及对区域有重要意义的需重点保护的区域（风景名胜、文物古迹、历史遗址等）而划分的需严格保护、禁止城镇建设的地域和水域，是维持区域生态功能平衡最重要的稳定因子。

（2）生态发展区是指在自然生态的基础上，根据城镇社会、经济生活需要而划定的，作为城镇各功能组团生存与生长空间的发展区域。

（3）生态功能区划的目的是为制定区域生态环境保护与建设规划、维护区域生态安全、合理利用资源以及为工农业生产布局和区域生态环境保育提供科学依据，并为环境管理部门和决策部门提供管理信息与管理手段。

2. 生态功能区划的具体目标

（1）明确区域生态系统类型的结构与过程及其空间分布特征。

（2）明确区域主要生态环境问题、成因及其空间分布特征，评价不同生态系统类型的生态服务功能及其对区域社会经济发展的作用。

（3）通过生态功能分析和评价，结合相应区域社会、经济、文化发展分析，确定生态系统的主导生态功能。

（4）提出生态功能区划，明确各功能区的生态环境与社会经济功能（国家环保总局，2003）。

二、生态功能区划的方法

生态功能区划是运用现代生态学理论，以恢复区域具有持续性、完整性的生态系统健康为目标，基于区域的自然地理背景，界定生态功能分区及其子系统的边界，结合区域自然生态系统、社会经济与土地利用的现状评价与问题诊断，通过对区域进行生态环境适宜度、生态敏感性和生态服务功能评价后，选取反映生态环境地域分异的主导因素作为主要依据，进行生态区域划分。其工作流程如图 4-6 所示。

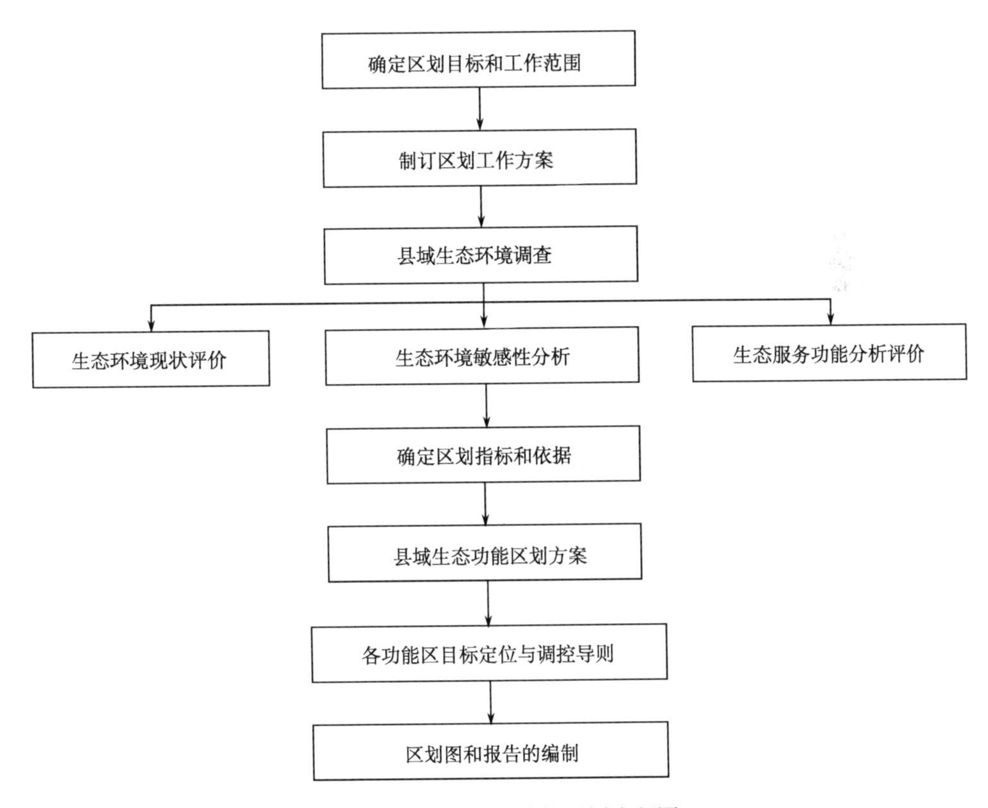

图 4-6　县域生态功能区划流程图

三、生态功能区划的应用

以溧水为例，遵循可持续发展、发生学、区域相关性、区域相似性与区域共轭性等 5 个区划原则，采用 RS 与 GIS 技术，以及主导因素的定性与定量分析方法，综合考虑数字高程、水系、生态系统类型、社会经济特征及行政界线，进行生态功能区划分，为区域依据生态与资源特点，因地制宜地发展生态产业提供指导。分区方法与结果（图 4-7）如下。

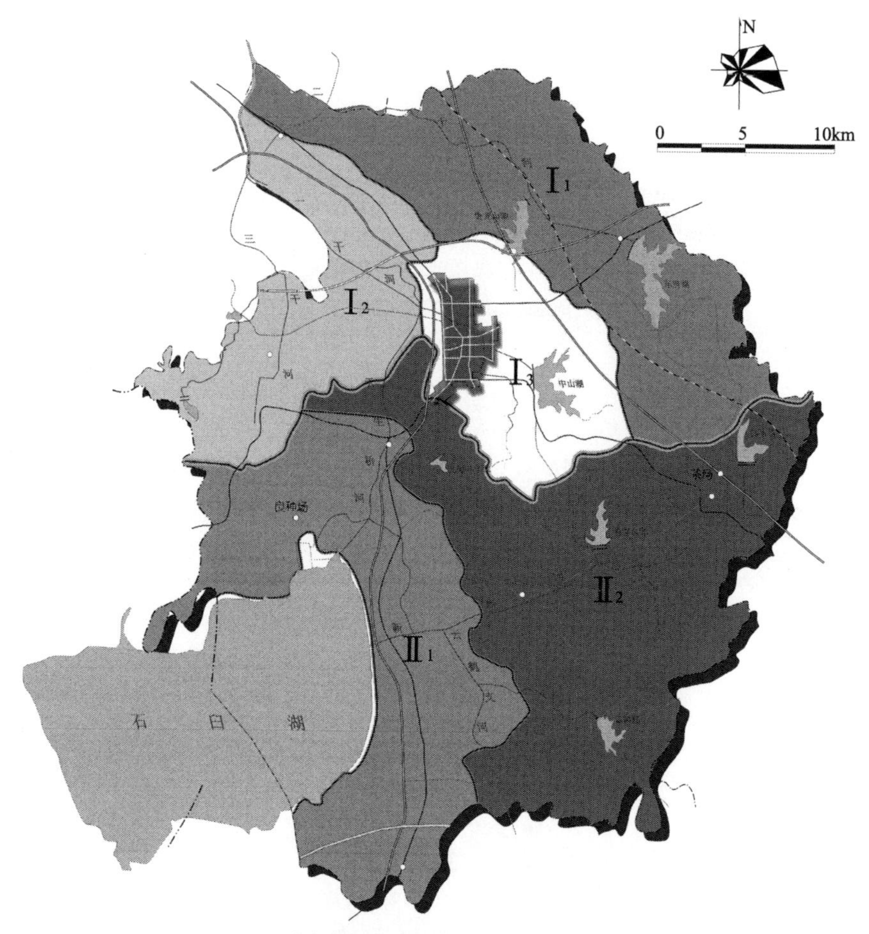

Ⅰ 北部秦淮河流域城镇、产业发展与水资源保护区

Ⅰ1 秦淮流域北部：二干河生态农业与水源涵养生态功能区

Ⅰ2 秦淮流域中部：生态建设与产业发展区

Ⅰ3 秦淮流域南部：一干河—三干河平原农业生态功能区

Ⅱ 南部石臼湖流域生态产业与生态保育区

Ⅱ1 石臼湖流域西部：沿湖地区特种水产与生态农业经济区

Ⅱ2 石臼湖流域东部：秋湖山—芳山—芝山水源涵养与生态产业发展区

图 4-7　溧水生态功能分区图

（一）一级生态功能区

与南京市生态功能区划相呼应，根据地貌、水系流域特点，把溧水划分为两个一级生态功能区。

1. 北部秦淮河流域城镇、产业发展与水资源保护区（Ⅰ）

该区基本位于溧水永阳镇及其以北城镇。沿秦淮河两侧是低平的河谷平原，海拔 5～10 m。

该区属秦淮河上游生态区，区内的东庐山在生物多样性保护、水源涵养等生态系统服务功能方面非常重要。丘陵地区分布有较为丰富的森林植被，众多山区水库是广大农村的水源。区内生态环境质量较好，林地、水域占有较大比重，是南京重要的农产品和水产品基地，同时在生物多样性保护、水源涵养等方面具有重要的生态服务功能。

需重点解决的生态环境问题是工业、生活污染，水土流失和农业面源污染，以及部分地区因露天采矿造成的景观破坏。

2. 南部石臼湖流域生态产业与生态保育区（Ⅱ）

该区位于溧水的南部，主要包括洪蓝镇、白马镇、和凤镇、晶桥镇及石湫镇的南部。地势东高西低，东侧丘陵属于茅山向南延伸的余脉，海拔 100 m 上下，是本区两个水系的分水岭，其西属于水阳江流域，其东为太湖流域。丘陵周围是黄土岗地，海拔 20～40 m，石臼湖东南为一片低平的湖滨平原，海拔 5～10 m。

该区拥有较大的湖泊湿地，是重要的农产品和水产品供应基地。

由于地势相对低洼，洪涝灾害是该区主要的生态环境问题。

（二）二级生态功能区

在一级生态功能区内，进一步根据次级地貌和水系单元、生态系统及其服务功能类型（如植被覆盖图、土壤类型图）、生态环境敏感性（水土流失、地质灾害）、社会经济发展特点（人口、产业和城镇化特征）以及行政界线将溧水划分为 5 个二级生态功能区。

1. 秦淮流域北部：二干河生态农业与水源涵养生态功能区（$Ⅰ_1$）

主导生态功能是上游地区为水源涵养和水土保持，辅助生态功能为发展林地生态经济；下游地区为生态农业发展区。

主要生态问题是水源涵养和缓冲区保护力度不够，稀疏林地林相单一、物种退化，水土保持等生态公益林面积不足。

生态保护和建设重点为：重点保护水源涵养功能，对东庐山一方便水库风景区实施保护性开发，提供休闲观光生态服务功能；设立禁挖区、禁采区、禁伐区、禁垦区、禁牧区，加强森林养护，保护自然核心区；建设多林种、多层次、多效益、功能完善的生态公益林，增强森林生态功能，提高蓄积量，保护自然缓冲区；保护生物多样性，加强国家重点珍稀动植物的保护，划定特殊物种保护区；加强管理，严格监控外来物种的引进；维持区域碳氧平衡，净化大气，改善环境质量；加大封育力度，保护丘陵林地资源，开发特色农林产品，发展特色旅游。

2. 秦淮流域中部：生态建设与产业发展区（I_2）

主导生态功能是溧水城镇生态化和资源节约与环境友好型产业开发。

存在的主要问题为：工业发展迅速，周边地区地表水水质状况造成严重威胁；城镇化和工业发展造成自然生态系统的破坏以及农地的大量占用。

重点生态保护对象：沿河城镇集中式饮用水源地。

生态保护和建设重点为：加大工业、生活等污染防治力度和区域环境功能综合整治，加强城镇化过程中的生态保护，严格控制对城镇防护网架的破坏；积极推进产业生态化改造，大力发展循环经济；有效保护沿河各个区域的供水水源地；强化对各开发区建设的环境管理，避免无序开发；在丘陵岗地地区，开山采矿要认真贯彻有关法律法规，做到“预防为主”，做好水土保持方案的报批，同时要加快开山采石破坏地的生态修复。

3. 秦淮流域南部：一干河一三干河平原农业生态功能区（I_3）

该区属低平原腹地，河网交错，是水网最稠密的地区之一。

主导生态功能是溧水重要的农业区。

主要生态问题为：涝渍灾害是该区农业生产经常性的主要威胁。由于地势低洼，排水出路不畅，内涝严重；土质黏重，渗透性差，农田三沟配套不全，地下水位高，也易遭受渍害。

生态保护与建设的重点为：保护基本农田，培育优质、高效农产品；农业废弃物综合利用、循环再生；防治农业污染和发展有机、绿色食品；疏通骨干河道，增加抽排动力，提高工程排涝能力；抓好农田水利建设，提高排涝降渍能力；改善土壤理化性状，提高土壤渗水能力；合理利用水域资源，发展特种水产养殖。

4. 石臼湖流域西部：沿湖地区特种水产与生态农业经济区（II_1）

石臼湖水面属于溧水境的面积约 90 km^2。圩区河道连通长江，水位受长江水位制约。气候温和，沼泽湖滩地面积大，适宜发展蟹、鳖、虾、黄鳝等特种水产。主要为水稻土，发展优质商品粮也很有前景。

主导生态功能是以沿湖地区的资源优势与产业基础，建设畜牧为主体的农业生产基地，实现禽畜物质与能流转换；此外扩大现有蚕桑基地、畜牧规模养殖基地、优质蔬菜基地。

主要生态问题为：随着城镇化、工业化、农业现代化以及水产养殖业的快速发展，水环境严重恶化；珍贵渔业资源趋于丧失。

重点生态保护对象：石臼湖水体、湿地及重要渔业水域。

生态保护和建设重点为：推进社会经济发展模式的生态化改造，减轻经济发展对生态环境的压力；强化城镇化、工业化以及农业现代化建设过程中的生态环境保护和建设；严格旅游业的生态环境管理，保护风景名胜资源；加强渔业资源繁殖保护区的建设和管理，保护珍贵渔业资源。

5. 石臼湖流域东部：秋湖山—芳山—芝山水源涵养与生态产业发展区（II_2）

主导生态功能是水源涵养和森林生物多样性保护、生态农林产业发展区。

主要生态问题：工业的快速发展对环境的破坏；开山采石造成局部地区景观破坏和水土流失。

重点生态保护对象：山地森林生态系统及主要水库水源地。

生态保护和建设重点：限制开山采石，积极开展采矿破坏地的生态修复；严格保护和积极营造山区水源涵养林，提高山区水源涵养能力，积极保护和改良丘陵、草地资源，防止水土流失；加强饮用水源地的保护；制定一系列相关政策，引导企业向生态化方向转型。

四、重要生态功能区保护

重要生态功能区是对维护区域生态安全、保障区域经济快速发展、提升人居环境质量具有重要作用的地区。重要生态功能区的性质、面积、分布、类型的多样性、释放功能的强弱、与周边地区自然和人文生态要素的耦合与匹配关系等，是构建特定区域生态空间格局的基本依据。溧水重要生态功能区主要分为风景名胜区、森林公园、水源涵养区三种类型，总面积约 288.35 km^2，占溧水土地面积的 27%。这三类重要生态功能区是溧水物质生产和环境净化的重要载体，对全县和周边地区的生态安全起着重要的支撑作用，在区域生态安全维护中承担着生态源强作用，因此可以称作生态源区。

风景名胜区，是具有较高的观赏、文化和科学价值，自然景物、人文景观比较独特，可供人们游览、休息或进行科学文化活动的地域。溧水主要的风景名胜区有石臼湖市级风景名胜区，面积 90.4 km^2；东庐山市级风景名胜区，总面积 109.4 km^2；天生桥市级风景名胜区，面积 12.8 km^2。

森林公园是以森林景观为主体，融合其他自然景观和人文景观的生态型公园。它以保护为前提，利用森林的多功能性为人们提供各种形式的旅游服务。县域内森林公园主要为无想寺省级森林公园，总面积 12.8 km^2。

水源涵养区指为改善水文水质状况，调节水分小循环，增加河流常年流量，以保护饮用水水源地为主要目的的森林、草地、湿地等区域，包括河流的发源地以及河流流经并有水源补给的森林、草地、湿地等区域。必须对水源地及汇水区域实施重点保护。溧水饮用水以本地地表水为主，依托当地水库供水，根据《溧水县水资源保护管理办法》规定：将饮用水源保护区分为两级。一级区内水质标准不得低于Ⅱ类标准（GB 3838—2002），包括以下水库及其汇水区域：方便水库（77.1 km^2）、中山水库（32.28 km^2）、老鸦坝水库（17.5 km^2）、卧龙水库（18.2 km^2）、姚家水库（17.3 km^2）、赭山头水库（16.8 km^2）、无想寺水库（6 km^2）；二级保护区有：石臼湖、小（一）型水库、一干河、天生桥河、新桥河、云鹤支河，包括堤坝以上汇水区域，水质标准不得低于Ⅲ类标准（GB 3838—2002）。

第四节　生态空间管制分区

一、生态系统服务功能评价

生态服务功能是生态系统与生态过程所形成及所维持的人类赖以生存的自然环境条件与效用（欧阳志云等，1999），它是人类赖以生存和发展的基础（傅伯杰等，2009）。其功能涵盖有机质的合成与生产、生物多样性的产生与维持、水分涵养、防止土壤侵蚀、气候调节、营养物质储存与循环、土壤肥力的更新与维持、环境净化与有害有毒物质的降解、植物花粉的传播与种子的扩散、有害生物的控制及减轻自然灾害等许多方面。村镇生态功能是指村镇地域在保障区域生态安全、提供生态服务方面的功能。相比于城市，村镇有更为开阔的自然空间，有更高的植被覆盖度，对维护区域乃至全球的生态平衡有重要意义。

通常采用计算区域生态系统服务功能价值的方法，分析与评价不同地域空间单元的生态系统对区域水源涵养、水土保持、营养物循环、局部气候调节等方面的作用与意义。运用生态经济学的价值核算方法，定量地评价溧水各类型生态系统的生态服务功能（图 4-8），并以此为依据，为生态空间管制提供优先区域导向和目标筛选。

根据遥感数据和电子地图提供的植被信息，把溧水自然生态系统分为森林生态系统、草地生态系统、农田生态系统和湿地生态系统四大类，并进行生态服务功能价值评估，分别计算其直接经济价值（包括林产品价值和种植业生产价值）和间接经济价值（包括涵养水源、土壤保育、生物多样性、固碳释氧、净化空气等生态服务功能价值）。计算中的价格均采用 1990 年不变价。

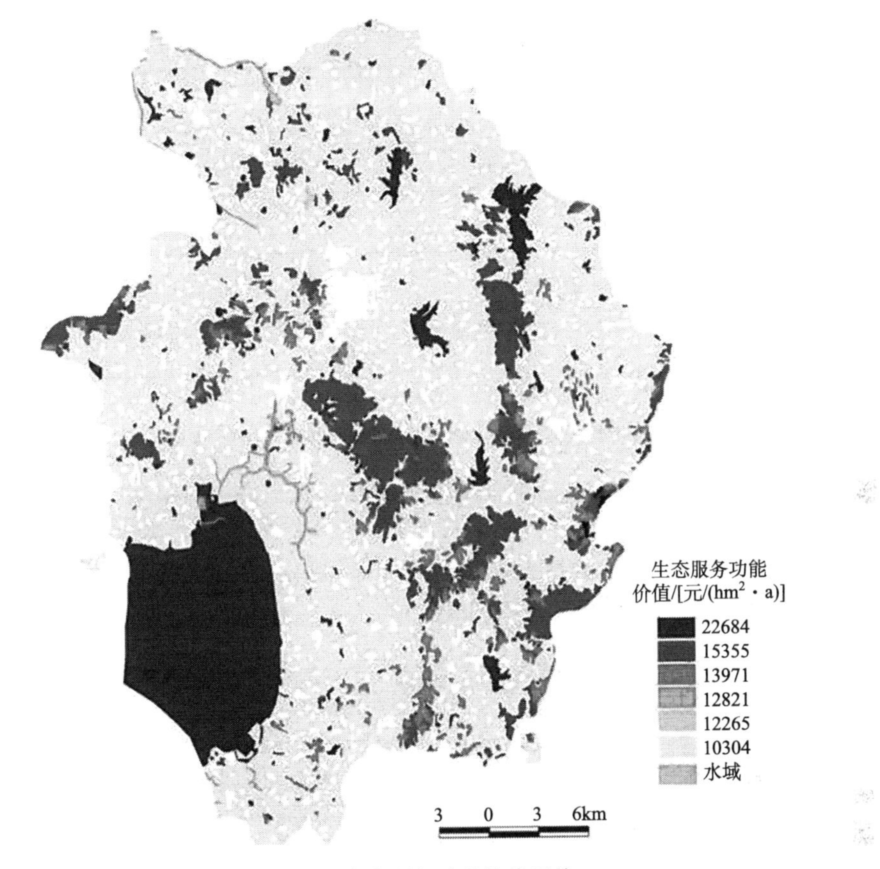

图 4-8　生态服务功能价值评估

根据不同生态系统服务功能价值大小，可以划分为 6 个不同的等级：价值大于 20000 元/（hm^2·a）——湿地，价值 15000～20000 元/（hm^2·a）——林地，价值 13000～15000 元/（hm^2·a）——灌木林，价值 12500～13000 元/（hm^2·a）——草地，价值 12000～12500 元/（hm^2·a）——经济林，价值 10000～12000 元/（hm^2·a）——农田。

从空间上来看，溧水自然生态系统服务功能价值的空间分异明显，较高价值区主要集中于横山东北部、双尖山、东庐山、马占山等绿斑地区以及石臼湖、方便水库、中山水库、赭山头水库、老鸦坝水库、姚家水库和卧龙水库等水源地。应充分发挥现有的自然和半自然生态系统所提供的生态服务功能，为溧水的可持续发展提供生态保障。

二、生态管制分区原则与指标

生态管制分区是在保护生态网架完整性的前提下，维护生态脆弱区的生态功能，重点明晰生态保护重要性的时空分异，协调自然生态保护与社会经济发展，为完善生态建设提供空间决策保障。

生态管制分区要坚持以下原则。

1. 生态网架保护与生态服务功能集聚相结合

生态网架是构建区域生态安全体系的基础，是生态环境的稳定性骨架，同时也承担着集聚与扩散生态服务功能的巨大作用。基于生态网架保护和集聚功能培育的生态管制方案可以最大程度地保护自然生态系统结构的完整性、过程的稳定性和功能的健康性。

2. 资源集约利用与环境污染控制相结合

资源高效集约利用可以最大限度地降低污染物的排放，减少对自然环境的破坏，从源头上达到生态保护的目的。

3. 生态环境保护与区域发展相协调

生态环境保护的最终目的是实现区域的协调发展，仅仅对自然生态系统进行保育和维护是不够的，必须在此基础上，促进社会经济发展，实现二者协调、共同发展。

结合溧水的生态网络与生态功能分区结果，选定溧水生态管制分区的指标包括各级自然保护区、森林公园、重要风景名胜区、重要水源地和水源涵养区、重要的滩涂、湿地、重要生态林区、水环境功能达标区域、100 m 高程以上的山地、50 m 高程以上的岗地、坡度大于 25°和 15°的地区，以及其他生态服务功能价值较大的地区。

三、生态管制类型区

根据溧水自然生态的本底特征，以服务社会经济发展和保障区域生态安全为目标，依据生态保护控制的严格程度，划定生态管制分区（图 4-9），包括红线区（即具有极重要生态功能的地区，是严格禁止开发区）和黄线区（即具有重要生态功能的保护区，是限制开发区）。重点保护以东庐山片区为主的生态源区，以一干河、二干河、天生桥河和新桥河和其他中小型水库作为保护走廊和满足关键物种扩散的绿色廊道的节点区，保证宏观生态网架结构的完整性、功能的集聚性（表 4-1）。

1. 红线区

如图 4-9 中的红色区域，该类区域总面积 41.31 km^2，约占溧水土地总面积的 3.9%，为县域的核心保护地区，主要包括水源涵养区、高程 100 m 以上的山地丘陵、坡度>25°的丘陵山地、集中式饮用水源保护区与重要洲滩湿地等。主要分布在东庐山、双尖山及周围地区和方便水库、中山水库、老鸦坝水库、卧龙水库、姚家水库、赭山头水库、无想寺水库等一级饮用水源地。

本区应禁止进行任何类型的城镇与产业开发，注重生态环境保护，着力提升自然生态系统服务功能。其中，林场芳山林区红线区面积最大，永阳、东屏、洪蓝三镇红线区比例约占各自镇域总面积的 5%以上，其他各镇红线区比重均在 1%左右（表 4-1）。

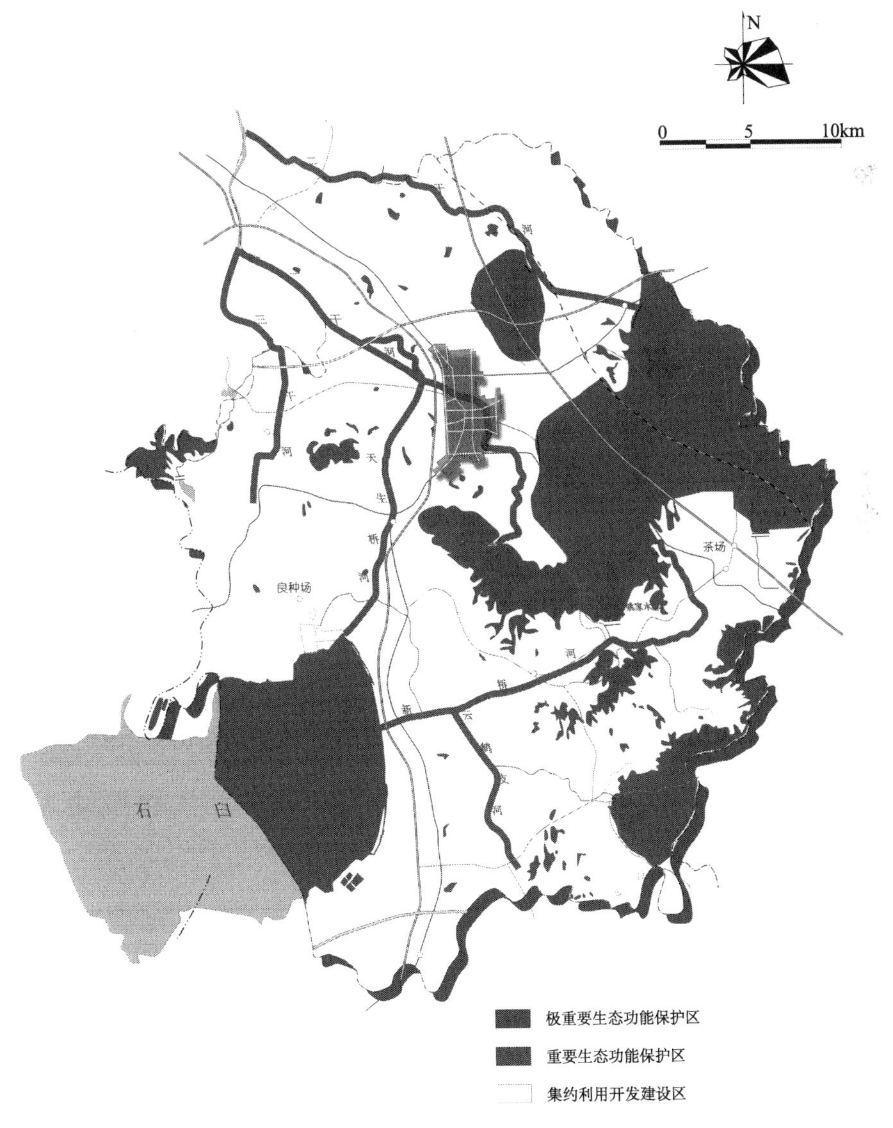

图 4-9　溧水生态空间管制分区图

表 4-1　溧水生态管制区分布表

区域	红线区（禁止开发区）		黄线区（限制开发区）	
	面积/km²	比例/%	面积/km²	比例/%
洪蓝镇	6.54	5.09	21.81	16.97
柘塘镇	—	—	0.44	0.64
永阳镇	13.28	8.65	58.9	38.36
东屏镇	7.22	5.28	30.8	22.51
晶桥镇	3.24	1.63	25.08	17.14
白马镇	5.4	3.86	59.82	42.77
石湫镇	1.55	1.16	4.29	3.20
和凤镇	—	—	61.65	38.12
芳山林区	4.08	67.89	2.48	41.27
总计	41.31	—	265.27	—

2. 黄线区

如图 4-9 中的绿色区域，该类区域总面积 265.27 km^2，包括生态网架边缘及严格保护区以外的林地、高度在 50～100 m 的山地丘陵、坡度 15°～25°的平、缓、高黄土岗地、丘陵坡麓地带以及一级水源地的汇水区，约占溧水土地总面积的 24.8%，是重点保护地区。

本区以有林地、稀疏林地、灌丛、草地及经济林果地为主，适于大力发展都市型生态农业及生态观光旅游产业，并防治水土流失，不宜大规模开发建设，应控制高密度房地产开发及各镇工业园区建设。重点解决农村饮用水源及抗旱灌溉用水的保障问题。芳山林区的黄线区面积占比最高，达到 41.27%，白马、永阳、东屏、和凤和晶桥等镇黄线区面积多在 22%以上，柘塘和石湫两镇比重较低。

四、生态管制的保障措施

建立政府主导、市场推进、公众参与的生态建设机制，重点解决综合决策、区域协调的管理与保障体系。

1. 综合决策与科学咨询并重

正确的决策是管制实施的先决条件。对重大生态环境问题和工程，建立和完善综合决策和专家咨询机制，以及科学咨询和论证制度，成立由专家组成的咨询委员会，负责研究有关重大工程、措施的可行性，为行政领导的决策提供科学依据。严格执行规划、区域开发等重大决策和建设项目的环境影响评价法，深化生态环境保护的考核机制，逐步建立绿色 GDP 核算体系。

2. 行政管理与经济激励相结合

目前生态建设和保护主要是由各级政府主导，以行政管理为主，针对生态建设资金缺口的现实，采取“谁受益，谁投入；谁破坏，谁补偿”的原则。例如，生态公益林的建设，可以采用多种方式吸引社会力量投入，加快建设的步伐。采取行政管理与经济激励、市场推进相结合的方式，在政府的监督指导下实施，保证生态管制的连续性和公正性。

3. 政府主导与公众参与相促进

明确政府职责，狠抓目标的分解落实，充分发挥政策的导向作用。建立管理的信息公开制度，公开征求公众意见。保障公众的知情权和监督权。倡导生态文明，建立有奖举报制度。

第五章　支撑村镇发展的资源可持续保障

第一节　村镇自然资源研究内容与方法

一、村镇自然资源概念与特性

1. 村镇自然资源概念

自然资源是指自然界中能被人类用于生产和生活的物质与能量的总称，主要可分为两类，即生物资源和非生物资源。生物资源是指自然界中供人类利用的有生命的种群总和，主要包括动物资源、植物资源和微生物资源。生物资源是生态系统中有生命的部分，是自然生态系统的主体，生物资源借助生物自身生长和繁衍本能，与周围环境中的光、热、水、土、气等非生物资源，不断地进行物质循环和能量转换，不断地进行自我更新，并保持一定的数量和质量。生态系统中物质和能量的输入是保证生物资源生长和繁衍的基本条件和物质基础，而其物质和能量的输出则是生物资源为人类社会提供所需物质和产品的渠道。非生物资源则是无生命的自然资源，包括大气、水、土地、能源、矿产资源等。人类利用自然资源的数量、质量和再生能力，很大程度上取决于人类对自然资源的合理利用、经营管理水平和科学技术方法。如果用之不当，资源就会减少、枯竭，甚至造成整个自然生态系统的崩溃，因此，人类在开发自然资源的过程中，一定要遵守客观规律。

村镇建设发展所需的自然资源，大多来自其周边区域，可见，自然资源对村镇及村镇生态环境系统的稳定发展起着极为重要的支撑与保障作用。而当前，快速的城镇化发展对村镇自然资源和生态空间需求的增长与村镇有限的资源和自然环境承载力之间的矛盾日益突出。在村镇的建设发展过程中，协调人与自然的关系，保护自然资源和生态环境，是村镇社会经济持续发展的前提和保证。

2. 村镇自然资源特性

（1）整体性。村镇自然资源中的土地资源、生物资源、水资源、气候资源等，在生态系统中既相互联系，又相互制约，共同构成一个有机体。

（2）区域性。村镇自然资源依存于不同的生态系统，其分布和组合有着明显的区域性，从而呈现出很大的地区差异。

（3）多用性。村镇自然资源具有多种功能和用途，这是其一个突出特点。

（4）有限性。在一定的时段和一定区域内，村镇自然资源是有限的，并非取之不尽，用之不竭。

二、村镇自然资源研究内容

村镇地区自然资源种类众多，可利用资源量与城市相比相对较大，面对丰富的村镇自然资源，如何进行合理利用成为村镇自然资源研究的关键所在。为了更加合理、科学、高效的利用，这就要求全面把握村镇自然资源的状况，对各种资源的属性特点、资源潜力特点进行了解，并结合当地的资源消费需求、规划方向、上行政策等情况，进行分析研究。只有在全面理解的情况下，才能更好地对区域资源进行利用与保护，保障村镇的可持续发展。

村镇自然资源研究内容主要为：

（1）对区域内自然资源条件进行综合梳理，包括自然资源的种类、数量、质量、可利用程度、空间分布差异性等。

（2）对区域内自然资源利用现状进行总结，包括需求量、利用效率、经济效益等，评价各项自然资源保障与利用存在的问题，分析其成因。

（3）根据各种自然资源的地域性、丰富性、时期性和环保性等特点，考虑能源供需、经济效益、环保效益、节能目标和对未来的规划等情况，设定资源保护与利用目标及方向。

（4）根据研究区域的实际情况与各项自然资源的特性，以自然资源保护与合理利用为目标，提出自然资源保障与利用的对策措施，在满足当地资源需求的条件下，实现最大的资源利用效益、经济效益和环境效益。

三、村镇自然资源研究方法

村镇自然资源区划作为针对村镇资源利用的基础研究，是根据当地自然资源的条件和供需关系，对区域进行评价和划分。村镇自然资源区划的任务就是根据各自然资源的地域性、丰富性、时期性和环保性等特点，考虑资源供需、经济效益、环保、节能目标和对未来的规划等情况，进行评级判断，根据聚类原理将一个区域划分成多个不同的子区域，以便于自然资源的供应和管理。

1. 单项区划

单项区划是指仅考虑一项指标对自然资源进行区划。一般来说，这一项通常会是资源的丰富性。比如要对某地区的太阳能资源进行区划，选择地面获得的年太阳能总辐射量作为区划指标，然后规定一个区段年太阳能总辐射量对应一个等级，同等级的地区划分为同一类，可视作同一区域。需要说明的是，不同地区之间的面积不一样，为使地区之间满足可比性，这里说的年太阳能总辐射量并不是绝对量，而是指单位面积的年太阳能总辐射量。还可以将以日照时数为基础计算得到的稳定性系数作为区划指标，这样得到的结果反映的是太阳能资源的稳定程度。如果对风能资源进行区划，则一般采用平均风功率密度作为区划指标，区划结果可清晰地显示风作为资源的丰富性。也可以将风速作为区划指标，表明各分区风速的差别。

单项区划方法简单直接，划分出来的区域关系明确，易于比较，针对性强，适用于参数少的区划。但是，如果在进行区划时，既要考虑资源的丰富性又要考虑资源的稳定性，这就需要用到综合区划了。

2. 综合区划

综合区划至少要考虑自然资源区划的两项指标。资源的开发和利用常常是受多重因素影响的，所以为了更精确地对区域进行规划，应该尽可能全面地考虑自然资源区划的指标，考虑的区划指标越多，区划会越完善。当单项区划的方法不能满足区划要求时，就应该使用综合区划的方法。

相比于单项区划方法，综合区划涉及面广、难度大、等级高。但因其涵盖了自然资源区划的多项指标，所以区划结果更为精细、准确、到位、合理，适用于规划区域复杂、面积大、资源种类多、要求较高的区域。

多项区划的难点在于涉及多项指标，如果把自然资源区划所有的指标都考虑在内，一个区域的自然资源规划就由多个指标共同决定。根据规划的要求不同，会出现一个区域内一些指标是优先考虑的，一些指标后考虑的情况，即每个指标的权重是不同的，这样资源的开发会受多重指标的影响，给区域规划带来一定的难度；对于单项区划，虽然仅考虑一项指标，但该指标下边还有子指标，因此在规划时也会遇到同样的问题。另外，规划的区域包括许多子区域，每个区域的资源潜力是不同的，在已知资源潜力的同时，如何对区域进行自然资源潜力等级的划分也是需要解决的问题。

模糊聚类方法的引入很好地解决了这个难题。该方法可以对多个指标进行处理，通过数学方法计算出各指标之间的“亲疏”关系，来进行“模糊”分区。模糊聚类可以简化多指标带来的困难。通过模糊聚类处理，可以将众多指标平行处理，最后通过控制相关系数来划分区域。这样的好处是可以直接通过两个区域之间相互关系反应的相似程度，来确定是否划为同一类（万仁新和刘荣厚，1991）。

以下以溧水为实例，选取水资源、土地资源、森林资源、能源资源四种自然资源，对其保护与利用情况进行分析，总结其存在的问题，依据社会经济发展与生产生活需求，确定中期及远期资源利用与保护目标，提出相应的对策措施，保障自然资源对村镇生态环境系统与村镇发展的支撑作用。

第二节　水资源保障

一、水资源概况

1. 河流水系

溧水境内秦淮河流域 464.82 km^2，石臼湖流域 599.39 km^2，太湖流域 2.73 km^2；河、湖、水库、塘坝共有水面积 200.79 km^2，占总面积的 18.9%，其中，石臼湖水面 90.4 km^2，中小型水库水面 28.49 km^2，塘坝水面 64.06 km^2，圩内河网水面 8.4 km^2，河道水面 9.44 km^2。溧水有 6 条骨干河道，其中，一、二、三干河属秦淮河水系，石臼湖水系有新桥河、云鹤支河，天生桥河连接着石臼湖与秦淮河，同时具有引水、排洪、通航功能。

2. 水资源

溧水多年平均径流深 282.7 mm，径流系数 0.26，年径流总量 4.75×10^8 m^3，蒸发量 1038 mm，年均降水量 1087.4 mm。地表水年际间水量变率大，时空分布不均，特别是白马、东屏、永阳等 10 万多亩的丘陵地区水源较匮乏。溧水有大小水库 79 座，集水面积 296.72 km^2，总库容 1.78 亿 m^3。其中，中型水库 6 座，分别为中山水库、方便水库、老鸦坝水库、姚家水库、卧龙水库和赭山头水库，总集水面积 179.18 km^2，总库容共 12990 万 m^3，其中兴利库容 5598 万 m^3，灌溉面积 14.17 万 hm^2；小（一）型水库 15 座，总集水面积 49.73 km^2，总库容 2508 万 m^3，其中兴利库容 1474 万 m^3，灌溉面积 3.68 万 hm^2（其中自流灌溉 2.81 万 hm^2），养鱼水面积 0.35 万 hm^2；小（二）型水库 58 座，总集水面积 67.81 km^2，总库容 2216.43 万 m^3，兴利库容 983.13 万 m^3。丘陵山区与这些水库配套建设的干渠总计 86 条，总长度为 130.11 km，灌溉面积 20.33 万 hm^2。到目前为止，溧水共有固定抗旱翻水线 315 条，总长 353.48 km，灌溉面积 42.9 万亩，其中最著名的当属秋湖翻水线。

溧水可利用水资源量包括地表水、地下水、河网（库塘）调蓄、外区间调水等。对于丘陵山区，其水库、塘坝众多，控制径流面积 60%左右，平水年份地表径流通过调蓄，基本能满足全县生产生活用水需要；丰水年份有余水，干旱年份基本无径流下泄，只能靠河沟、库塘蓄水提水，甚至依靠外区间江、河，利用闸引、提水等手段才能基本满足全县生产生活用水需要，但农业用水成本较大，农民负担较重。而对于平圩地区，平水年通过河沟调蓄，能满足用水需要，干旱年份通过引江河水基本能满足用水需要。地下水资源量贫乏且利用难度较大。

二、水资源保障能力

1. 供水能力

溧水境内河、湖、水库众多，共有 6 条骨干河道，6 座中型水库，73 座小型水库，4.6 万余座塘坝。在 50%来水条件下，全县水库及塘坝蓄水供水能力 18817 万 m^3；在 75%来水条件下，水库塘坝可供水能力 11855 万 m^3。溧水主要供水水源为当地地表水供水，农业和生态外河提水能力 17228.2 万 m^3，企业自备水厂从外河提水能力达 611 万 m^3，基本满足溧水生活、生产、生态用水的需求。溧水乡镇供水普及率达 99.8%，县城供水保障率 100%。县城供水来自县水厂，供水能力为：源水 10 万 t，净水 10 万 t，主要供水水源来自方便、中山两座中型水库。

2. 节水能力

溧水已经对自来水供水和水库用水实现计量使用，农业用水利用涵洞计量按方收费，先开票后供水。对于非农取水，县管水库取水口装表率达 100%，全县非农业总装表率达 90%，按季或按月结算支付，做到计划用水、节约用水。

3. 引水灌溉与抗旱能力

建成固定排灌站 398 座，装机容量 3.38 万 kW、578 台套，总流量 209.822 m^3/s，受益面积 56.94 万亩。

4. 蓄水能力

现有水库 79 座，总集水面积 296.72 km^2，总库容 1.78 亿 m^3。固定抗旱翻水线 315 条，总长 353.48 km，灌溉面积 42.9 万亩。修筑蓄水塘坝 46640 座，总库容 1.45 亿 m^3。

三、水资源保障存在问题

1. 饮用水源短缺

经计算，方便、中山两水库只能满足日供水 10 万 t 要求。2010 年，方便、中山两水库蓄水仅 1300 万方，扣除蒸发量，只能保障县城供水 50 天左右。县境内虽有 6 条骨干河道，但由于受到不同程度的污染，均不能作为生活用水水源；石臼湖由于受长江水位和皖南山区降雨影响，只有在主汛期水位才能上涨到 7m 以上，且全年只有少数月份水质在Ⅲ类以上；枯水期降雨少，径流少，河、湖、水库大都处于低水位。因此，溧水不但属于水源型缺水，同时也属于水质型缺水。

溧水以农业发展为主，农业是高耗水产业，节水型灌溉的面积小，农业用水占总用水的比重大，与节水型农业目标距离大；工业刚推行节水型、循环型生产，节水型工业企业少，工业耗水率偏高；人们节水意识淡薄，在生产、生活领域较为普遍地存在结构型、生产型和消费型浪费。

2. 水生态安全面临威胁

溧水为典型的丘陵地区，区域内河流多是季节性河道，环境容量较小。随着城镇人口的不断增长，城镇生活污水对环境产生的压力越来越大。2010年污水集中处理率为80%，还有大部分城镇生活污水基本未经处理直接排进水体，使得溧水河道水环境很难达到水功能区划的要求，污水处理厂及其相应污水管网建设的推进已经刻不容缓。

溧水县城及周边村镇主要饮用水源是中山水库和方便水库，但总氮、总磷含量超标，其中总氮超标严重，主要饮用水源地水质安全状况存在隐患。另外，调水改善秦淮河水环境工程，会使秦淮河上游的污染物被顶托，影响位于秦淮河上游的溧水的水质安全。农村河塘淤积严重、生活污水不经处理直接排放，农业面源污染排放未得到有效控制，水土流失现象依然存在，这些都恶化了村镇水生态环境。

3. 供水能力不足

溧水现有县级水厂1座，供水规模为日取水能力6万t，净水能力10万t。城区水源主要来自中山水库和方便水库，水库标准不高、蓄水能力有限。随着城市扩张和工业经济的快速发展，水资源供需矛盾日益突出。另外，各建制镇均建有水厂，镇级自来水厂（公司）有14座，取水口14处，分别独立供水，供水方式为集中式供水。已建镇村水厂供水设施，尤其是村级供水设施基本是无过滤、无消毒、无储存的直供水，另外还有一小半农村供给水源得不到保障。

同时，特定的地形使部分地区无法实行集中供水。溧水多低山丘陵的地理特点，造成许多偏远、地势高的地区难以实行集中供水，需要铺设管道距离长、投入大、受益人口少、成本高、不经济。即使铺设管道，由于地势高、距离长，现有的供水条件难以保证正常供水。如石湫、明觉、东庐、白马的部分山区，因水源及供水管网问题而无法24小时供水。

4. 局部地区饮用水源地保护有待加强

溧水属低山丘陵区，丘陵面积占全县总面积的72.5%，自然地形特点形成了水源型缺水。同时随着经济的发展，水体污染不断加剧，目前溧水饮用水源地水质呈富营养化趋势，中型水库水质为Ⅲ～Ⅳ类，主要超标因子是氮、磷。六条骨干河道、石臼湖等水域水质均为Ⅳ类及以下，部分水体水质为劣Ⅴ类，不能作为饮用水源地。

四、水资源保障与利用目标

水资源的利用要围绕为经济社会发展提供基础保障为中心，以饮用水源为重点，加强水源保护与建设，深化河道水环境综合整治，保护和改善主要河湖水质，提高城乡供水能力，合理利用水力资源，促进节水用水。

1. 近期目标

调整城乡生活供水和环境保护用水，达到中等干旱年份（80%保证率）用水高峰期正常有效供水，全面解决人畜饮水问题。增强农田灌溉能力和饮用水供应能力，重点对方便水库、中山水库进行除险加固，提高工程标准，增加蓄水、供水能力，使县城供水能力由目前的10万t/d提高到15万t/d；大力发展城乡供水，完善区域供水布局，镇村供水覆盖率达到90%，自来水到户普及率达99%；主要湖泊、水库、供水河道水质状况有明显好转，水功能区达标量达到85%。水库水质为Ⅱ级，石臼湖水质为Ⅲ级，主干河道水质为Ⅲ级；全面推动节约用水。农田灌溉渠系水利用率达到0.65，农业灌溉用水总量及峰量分别削减15%和10%；抓好工业、生活污水治理和区域污染预防，使城镇污水处理率达到85%，减少水源和河湖污染，水源保护区达到Ⅱ类水质标准，饮用水源地达标量100%，景观娱乐区水质达到Ⅲ类标准，工业、农业、渔业等行业用水区水质达到专业用水标准，深层地下水水质得到有效保护。

2. 中远期目标

进一步深化水环境综合整治，至2020年，全县水环境综合整治基本完成，城镇内河无劣Ⅴ类水质，水环境质量全部达到功能区要求。用水达到节水化，农田灌溉水利用系数达0.68以上，区域供水覆盖率90%，完善供水监测、控制、调度系统，98%以上蓄水库、供水线、分水闸、取水口安装水量水质监控设施。在优化供需水配置基础上，达到95%保护率，特殊干旱年份用水高峰期稳定供水，建立完善的水资源合理配置和有效供给体系。

五、水资源保障措施

1. 加强石臼湖治理，实施河道综合整治

加快实施石臼湖整治工程，完成30 km堤防加固、迎水面护坡、堤防防渗等工程，消除隐患；实施涵洞、水闸、排涝站更新改造，提升防洪、灌溉和排涝能

力。配合做好石臼湖口建闸控制工程规划。

做好重点河道区域治理规划，实施重点河道区域治理工程。完成新桥河、天生桥河、一干河、溧水河等中小河流治理项目；加快城区南门河、中山河上游段河道综合整治，实施撇洪沟加固工程；开展河道控污截污治理工程。对六条骨干河道及其主要支流实施综合治理，并探索建立以“河长制”为主的长效管理机制，逐步建立河道健康生态系统，实现“堤好、岸绿、水清”的目标。

2. 加快病险水利工程除险加固，实施区域水循环和水系沟通工程

按照国家大中型水闸除险加固规划，实施中山河闸、天生桥闸和周家山闸的拆除重建工程；完成南塘等剩余 32 座小型水库的除险加固工程任务；实施 5 万方以上的当家塘除险加固。

研究制定石臼湖—新桥河—秋湖提水站—中山水库—中山河—一干河—天生桥河—石臼湖全域水循环规划，并分年逐步实施，形成清水通道，完善河道生态功能体系。实施三干河提引水工程，提升小茅山水库补给水源能力；根据秋湖灌区续建配套与节水改造工程规划，实施东、西干渠建设及末级渠系配套等工程，引石臼湖水进库、进河、进圩，提升水资源保障能力。

3. 加快县城污水处理厂及管网建设，全面推进区域供水

按照太湖流域治理目标责任制和城区总体规划要求，实施县城污水处理厂提标升级改造，达到一级 A 排放标准；扩建日处理能力 2 万 t 污水处理厂，达到日处理污水 4 万 t 的能力；加快城区污水管网建设，使城区污水收集处理率达到 85%。根据区域供水规划，加快实施引长江水工程，全面推进区域供水工程，提高区域调水能力，实现城乡供水一体化，提高区间水的利用率。

4. 强化农业农田水利设施整合配套建设，加大农村河塘疏浚整治力度

进一步整合水库除险加固、节水灌溉配套、小型泵站改建、小流域治理、中央财政小型农田水利重点县及专项工程等项目和资金，结合“万顷良田”建设，统一规划、连片治理、整体推进，着力为 21 万亩高标准粮田提供优质灌排服务，为 25 万亩经济林果提供水源，为 17 万亩高效养殖场畅通水系、改善水质，为 8 万亩标准化菜地配套高效节水灌溉体系。着力建设秋湖灌区片区、环山河片区、石臼湖片区等重点片区，全面完成小型农田水利重点县建设任务。

建立农村河塘轮浚机制，实施新一轮县乡河道和村庄河塘疏浚整治工程，逐步恢复和提高农村河网水系引排水及调蓄能力。积极开展村庄水环境治理，沟通水系，清洁水源，实现河塘管理养护经常化、制度化，建成一批具有鲜明水环境特色的典型示范村。

5. 加强污染控制，限制大耗水和大污染企业发展

加强污染控制，保护和改善各镇饮用水源水质，确保全县集中式饮用水源水质达标率和村镇饮用水卫生合格率全部达到 100%。严格执行区域规划、区域开发建设等重大决策及所有建设项目的环境影响评价法和“三同时”制度，从源头上控制新污染的产生。大力发展无污染、轻污染的产业和项目，严格限制大耗水和大污染企业的发展；对现有的水源保护区范围内污染企业实行污水达标排放，对不能实行达标排放的污染企业坚决关、停、并、转；对重污染企业，强制实行清洁生产审计，积极推广循环经济理念，扶持相关产业发展，建立区域性生态产业链。根据环境容量，进行总量控制；加快建设城镇生活污水集中处理设施；不断完善污水管网收集系统，逐步提高城镇污水处理率。启动农村生活污水、人尿粪、畜养废水、动物尿粪的集中处理和净化沼气池工程。通过生态农业和循环产业链建设，减少化肥、农药施用量，减少农田面源污染。

同时，应加大对工业点源污染的治理力度，重点解决省市县挂牌督办的工业污染源，解决一干河上游及沿岸城镇生活污水排放，二干河爱景山锶矿周边的镇村小化工企业的污染，以及三干河闸下附近农户自办的手工业纸筋作坊的污水排放等问题，控制农业面源污染和畜禽养殖污染。

6. 明确供、排水体系，优化水体功能

针对水体环境功能划分不明确、上下游之间存在矛盾的问题，提出优化水体环境功能、明确供排水体系的方案。《江苏省地表水（环境）功能区划》中对溧水相关水体进行了水环境功能划分（表 5-1）。

表 5-1　溧水重要水体地表水功能区划

河流、湖泊或水库	水体功能	2020 年水质目标
一干河	饮用、渔业、工业、农业	Ⅲ
二干河	农业	Ⅲ
三干河	农业	维持 2010 年状况
新桥河	渔业、景观、农业	Ⅲ
天生桥河	农业	Ⅳ
石臼湖	渔业、景观	Ⅲ
云鹤支河	渔业、农业	Ⅲ
丹阳河	渔业、农业	Ⅲ
卧龙水库	饮用、渔业	Ⅱ
方便水库	饮用、渔业	Ⅱ
中山水库	饮用、渔业	Ⅱ

续表

河流、湖泊或水库	水体功能	2020年水质目标
姚家水库	饮用、渔业	II
赭山头水库	饮用、渔业	II
老鸦坝水库	饮用、渔业	II
无想寺水库	渔业、农业	II

根据上述要求及溧水主要水体利用情况，进一步明确主要水体使用功能如下。

一、二、三干河：是沿线区域重要的农业用水水源。一干河主要功能为农田灌溉、排水、工业用水及排洪，在水量丰富时航运价值较大，也可以发展水上交通。二干河、三干河河道以农田灌溉、排水为主，其次为水产养殖，再次为工业用水及排水。

新桥河：新桥河源头出自老鸦坝水库，横贯白马、晶桥两镇，流入孔镇北部，经昌塘村进入石臼湖。除了承担农业和景观功能外，还应提供工业用水功能，但必须严格控制沿线工业污水的排放，保护新桥河水质。

天生桥河：北端在沙河与一干河相连，南端在陈家村入石臼湖。沟通秦淮河与石臼湖两大水系，是引水、分洪、航运的重要水道，还应承担景观旅游的功能。

石臼湖：石臼湖主要功能确定为渔业和景观，鼓励发展生态渔业，严格控制所有开发建设活动（包括水上项目），严禁沿湖宾馆、饭店等的废水未经处理直接向湖内排放。

云鹤支河：是新桥河之分流，由赭山头水库流经云鹤、孔镇直至沙岗村流入新桥河。河道具有农田灌溉、生活饮用、水产养殖、排水的功能。

卧龙水库、方便水库、中山水库、姚家水库、赭山头水库、老鸦坝水库、无想寺水库等是溧水主要的饮用水源，也是县域饮用水源一级保护区，严禁向水库排放污水，禁止在周围堆放工业废弃物和其他废物以及生活垃圾，严格控制采矿、取土、挖砂以及烧窑、采石等生产活动。

根据水体使用功能要求，按照高标准规划的原则，一、二、三干河、新桥河、石臼湖、云鹤支河中远期水质规划为III类标准，卧龙水库、方便水库、中山水库、姚家水库、赭山头水库、老鸦坝水库、无想寺水库中远期水质规划为II类标准。

7. 节约用水，提高用水效率

大力推行节水器具和节水技术，合理制定城市工业、生活和农业用水定额，开展工农业和生活节水工作，降低工农业和生活耗水总量。在全县范围内推广喷滴灌等节水灌溉举措，推动农业节约用水，使农田灌溉渠系水利用系数达0.65以上，农业灌溉用水总量及峰量分别削减15%和10%，全县基本实现渠道防渗化。

与此同时，所有耕地建成优质高效的粮食作物与经济作物生产基地，实施喷滴灌的农业用地建成高效特种经济作物和果品基地。加强节水灌溉试点县建设，提高节水灌溉保证率，高效节水灌溉设施农田面积达 6 万亩以上。

提高工业重复用水率，大力开展工业废水和生活污水资源化工作，提高水资源重复利用率。工业企业通过积极推行清洁生产和技术革新，改进工业用水循环系统，加强冷却水和低污染水的循环利用，来减少废水排放量和提高重复用水率，

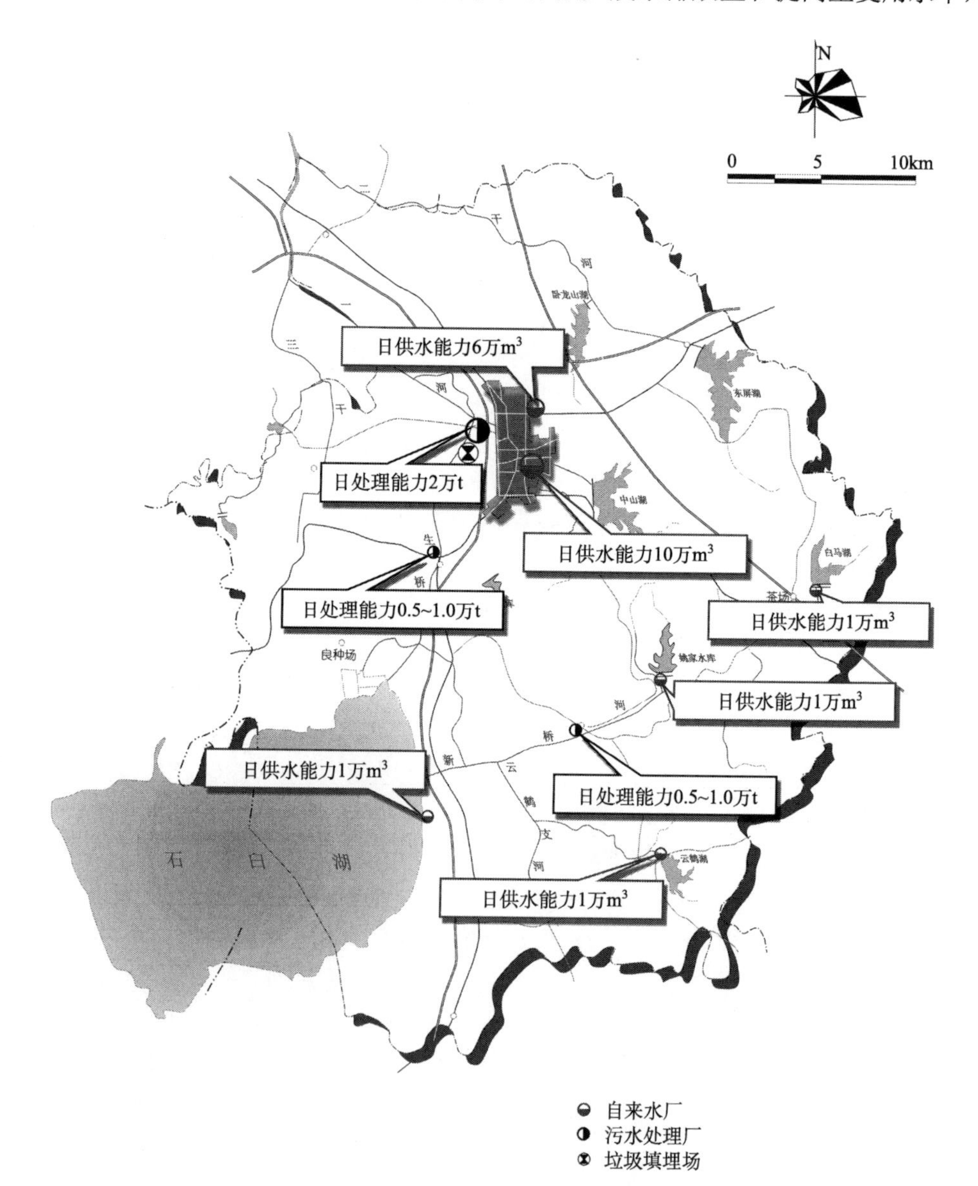

图 5-1　溧水水资源保障建设

使 2020 年重复用水率达到 90%以上；普及工业及生活用水计量设施，安装率达到 98%以上。

8. 加快供水设施建设，提高城乡供水能力

规划在城郊三号路与机场路的东北新建一水厂，扩建净水能力 5 万 t/d 的净水厂，新增源水供水能力 6 万 t/d，使总供水规模达到 10 万 t/d 以上（图 5-1）。同时对现有 8 个镇水厂扩建、增容和管路改建，总增加供水量 4.1 万 t/d，使供水区域由集镇所在地扩大到农村；关停、废弃“自流水”，提高水厂供水覆盖率，使水厂供水覆盖率达 90%以上，农户自来水普及率达 99%。

第三节　土地资源可持续利用

一、土地资源利用情况

溧水土地总面积 159.5502 万亩，农用地共计 113.9115 万亩，建设用地 18627.38 hm^2（27.9411 万亩），占 17.5%，未利用地 11798.44 hm^2（17.6977 万亩），占 11.10%，2010 年土地利用情况如图 5-2 所示。

二、土地资源利用特点

1. 种粮面积大，效益低

由于粮食价格低，种粮效益明显低下。近年来，溧水调整了农村产业结构，适当缩小了粮食作物的种植面积，扩大了经济作物的种植面积。

2. 水资源分布不均，易遭旱、涝威胁

本地梅雨季节降水量一般占全年降水量的四分之一以上，集中降水容易形成涝灾。其他时节由于降水不均和山地丘陵地区蓄水不易、水源不足而易遭受干旱威胁。

3. 林特产发展潜力较大

溧水属典型的低山丘陵地区，其面积占土地总面积的 72.5%。丘陵岗地地区具有山低丘缓、土层较厚的特点，为林特产的发展提供了较优越的条件。

4. 水面较大，开发利用潜力大

溧水水面面积 22607 hm^2，占土地总面积的 21.2%，实际养殖面积 20 亩，仅占总水面的 40%，水面开发利用潜力非常大。

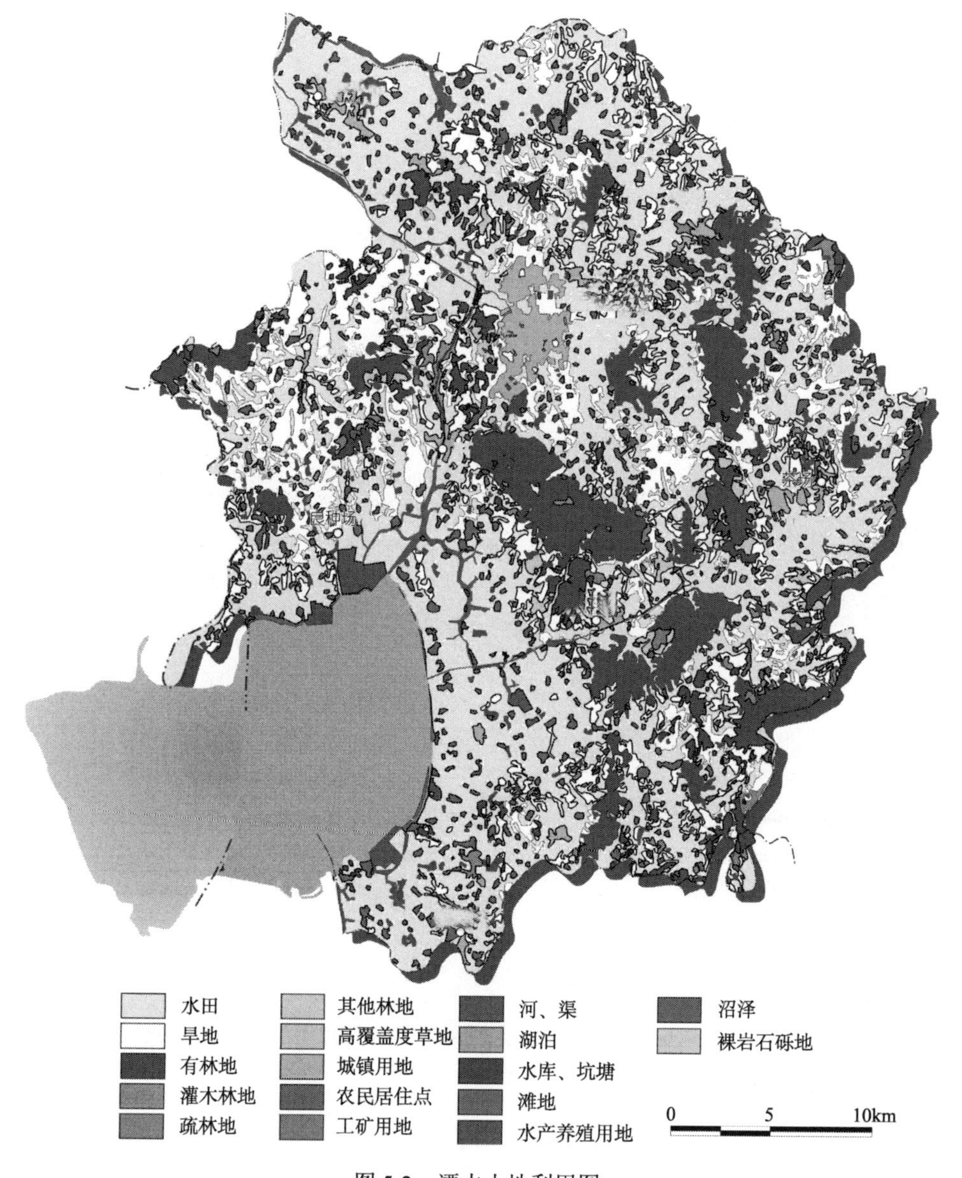

图 5-2　溧水土地利用图

三、土地资源利用问题

1. 农业与非农用地矛盾突出

由于非农用地的快速增长，占用了大量耕地，使溧水耕地面积从 2006 年的 65.21 万亩减少到 2010 年的 63.94 万亩，5 年减少了近 1.27 万亩，农用地与非农用地的矛盾日益加剧。

2. 土地后备资源匮乏

溧水人均耕地 1.55 亩，且多为丘陵山地，土壤质量差、等级低。未利用土地面积多为荒草地、沼泽地、裸岩地等，开发的难度较大。

3. 山林资源开发利用效益不佳，生态效益差

由于山林经营及种植中轻视管理及缺乏科学管理措施等，形成低产园林面积较大，破坏水土生态平衡。

4. 土地生态质量下降，污染严重

水体及土壤受污水排放影响，污染严重，直接影响农副产品生产，破坏水生生态平衡，威胁人们的身体健康。

四、土地资源保障与利用目标

1. 保证建设用地

到 2020 年，预测溧水总人口将达到 80 万人。在加速城市化的进程中，应加强建设用地的控制，减少农村居民点用地，扩大城镇绿地系统建设，提高道路交通、公共设施等的比例，满足提高人民生活质量的需要。

2. 保护基本农田

溧水 2010 年耕地面积为 426.28 km^2，占全县土地面积的 40.07%。根据南京市生态市建设要求，耕地面积需占基本农田总面积的 90%以上，溧水划定基本农田保护区面积为 369.5 km^2。因此，需要切实做好基本农田保护问题，提高基本农田保护比例，确保解决 41 万人的吃饭问题。

3. 保障生态用地

根据划定的溧水重要生态功能保护红线区（禁止开发区）和黄线区（限制开发区）进行水源保护区、湿地、森林系统等生态用地的保护，保障溧水生态安全。根据生态管制要求，溧水重要生态功能保护红线区 41.31 km^2，占土地总面积的 3.9%，黄线区 265.27 km^2，占土地总面积的 24.8%。

4. 促进集约利用

加强贯彻“工业向园区集中、农民向城镇积聚、土地向规模经营集中”的方

针，采用多种运作方式促进集约利用。溧水农村居民点较为分散，要加强农村居民点的集聚，控制农村建设用地的盲目扩大，提高土地利用效率，使一般镇居住建筑用地占总建设用地的比例控制在 35%～55%，中心镇居住建筑用地占总建设用地的比例控制在 35%以内。

五、土地资源保障措施

土地是最为宝贵的资源，必须严格执行“珍惜、合理利用土地和切实保护耕地”的基本国策，加强基本农田保护，保持耕地总量动态平衡，严格建设用地管理，提高土地资源利用效率，实现土地资源可持续利用。溧水用地供需矛盾是社会经济发展的一个重要制约因素，必须加强基本农田保护，保持耕地总量动态平衡，严格建设用地管理，大力提高土地资源利用效率，实现土地资源可持续利用。

1. 切实保护耕地资源，确保粮食生产安全

正确处理好建设用地与保护耕地的关系，在坚持耕地保有量和基本农田面积不变的前提下，根据上级下达的年度用地计划，合理安排各类用地，并根据溧水土地后备资源的实际情况，结合社会主义新农村建设的相关要求，加大对农用地的整理及土地开发复垦工作力度，实现全县耕地总量的动态平衡。严格落实征地补偿政策，加强土地利用监管，杜绝抛荒弃荒、占而不用、用而不当等浪费现象，保障农民合法权益，确保粮食生产安全。

2. 加强土地资源综合管理，缓解建设用地指标不足的矛盾

加强土地资源的综合管理，严格执行建设用地的环境影响评价法和“三同时”制度，完善审批制度、土地有偿使用制度和土地产权制度，开展对用地效率和效果的监督检查，保证土地的合理、有偿使用，提高土地资源的利用效率。重点开展工业区工业项目的土地利用效率评价，对占而不用、用而不当者责成限期整改，对违法违规的用地行为坚决查处。控制工业园区的非生产性用地规模；继续加大标准厂房建设力度，适度提高工业厂房容积率和单位面积投资强度，充分提高土地的集约利用水平，确保土地资源最大限度地发挥社会、经济和生态效益；同时，应加快农村村居改造、集中居住工程建设试点步伐。积极探索多渠道土地供应的新机制。一要加大闲置土地清理回收力度；二是积极推进存量土地挖潜，继续开展优质园地划为基本农田的工作（坡度在 6°以下的优质园地划为基本农田）；三是合理开发利用山地资源，以缓解建设用地指标不足的矛盾。

3. 减少土壤污染，防止地力衰退

推广测土配方施肥技术，开发配方肥料、控释肥料、有机无机复混肥料，大

力推进生态肥的生产、施用，有效控制与减少农田化肥的使用量。大力推广秸秆还田，降低化肥平均施用量，减少农田肥料流失。大力发展有机农业，挖掘本地生态农业潜力，将间作、休耕、复种有机结合起来，保护与提高土壤地力。开发引进生态工程技术，防止土地功能退化，有效遏制局部土壤酸化和盐渍化。推广应用生物治虫，研发抗病、抗虫作物，开展农业病虫害生物防治，减少农药施用量，用生物农药、高效低残留农药替代化学农药，防止土壤污染；种植绿肥，增施有机肥，减少化肥的施用，防止化肥引起重金属污染。

4. 加大农田基础建设，改造中低产田

加快荒地、废弃地、滩涂、岗塝地等的复垦步伐，并结合道路建设、治水改土和土地复垦进行土地整理。控制水土流失，改善农业生产的基础条件，大力开展除涝防渍、灌溉农田配套工程建设，实行山、水、田、林、路综合整治，桥、涵、站、闸、沟、渠全面配套。丘陵山区修建当家塘坝和小水库，增加蓄水能力。以万亩连片为单位，继续进行中低产田改造，完善农田林网，提高农业抗灾能力。

第四节　森林资源保护与建设

一、森林资源概况

溧水历来是江苏省重要的林特产地之一，境内植被资源十分丰富，既有中亚热带的常绿阔叶林，又有北亚热带的落叶阔叶林。全县林业用地面积 43.82 万亩，按照类别划分，有商品林 26.79 万亩，生态公益林 17.01 万亩，占林地总面积的 38.82%，其中有林地 30.95 万亩、疏林地 0.22 万亩、灌木林地 8.03 万亩、未成林地 4.62 万亩。有林地中，柏类 10.12 hm^2，黑松 189.00 hm^2，马尾松 1900 hm^2，国外松 4510 hm^2，杉木 2300 hm^2，水杉 7 hm^2，栎类 400 hm^2，刺槐 240 hm^2，杨类 2100 hm^2，杂阔林 2200 hm^2，毛竹 640 hm^2，淡杂竹 500 hm^2，其他经济林 5637.2 hm^2。

针叶林主要分布在低山丘陵岗地的国有林场和部分镇区，经济林主要分布在白马、晶桥、洪蓝、永阳、石湫等镇和溧水茶叶实验场，公益林主要分布在国有林场以及秦淮河一、二干河两侧的部分镇区，商品林主要分布在白马、晶桥、和凤、洪蓝、永阳等镇，以国外松、杉木以及经济林为主。

二、生态公益林资源

1. 规模

溧水林地总面积 43.82 万亩，区划界定公益林面积 17.01 万亩，占林地总面

积 38.82%。公益林中，省级重点公益林面积 11.27 万亩，占林地面积的 25.72%，占公益林面积的 66.3%；市级重点公益林面积 5 万亩，占林地面积的 11.41%，占公益林面积的 29.4%，其中有林地 4.3 万亩、灌木林地 0.6 万亩、未成林地 0.1 万亩；县级公益林面积 0.73 万亩，占林地总面积的 1.67%，占公益林面积的 4.3%。

2. 布局

根据《溧水县省级生态公益林区划界定报告》，将全县生态公益林分为水源涵养林、水土保持林和其他林地三大类。其中，水源涵养林主要分布在溧水县林场的秋湖等生态脆弱地区，面积 0.574 万亩；水土保持林主要分布在平山、茅山、东芦、回峰山及各大水库周围，以保持水土、涵养水源为主要生态功能，面积 12.988 万亩；其他林地主要以生态林、省道护路林为主，面积 1.054 万亩（图 5-3）。

（1）溧水县林场：区域范围 47.2 km^2。地处秦淮河源头，区域范围内含省级无想寺森林公园。保护生态公益林 4.975 万亩，其中有林地 4.848 万亩、疏林地 0.086 万亩、灌木林地 0.022 万亩、未成林地 0.019 万亩。

（2）方便等 6 大水库：区域范围 167 km^2，容积 7.4 亿 m^3 以上，保护生态公益林 2.493 万亩。

（3）秦淮河：区域范围 28.6 km，保护生态公益林 2.9 万亩。

（4）天生桥风景区：区域范围 5.2 km^2，保护生态公益林面积 0.5 万亩。

（5）水土流失严重地区：主要包括国有、集体林场中少部分岩石裸露地方以及生态脆弱的浮山地区，区域范围 4.6 km^2，保护生态公益林面积 0.709 万亩。

三、森林资源保障与建设目标

1. 生态防护林保护目标

对城镇周围的用材林、薪炭林、竹林，村庄周围坡度 25°以上的一面坡森林、坡度 36°以上的用材毛竹林应该调整为生态公益林；临水库边坡度 20°以上的用地要退耕还林；覆盖度达 30%以上的天然杂竹林、江河源头集雨区内的用材薪炭林、竹林等改造为生态公益林。对立地条件差、适宜封山育林的疏林地，实施封山育林；能成林的荒山荒地、采伐迹地和火烧迹地等都应调整为生态公益林。重点实施林业生态公益林保护建设工程、生态林保护工程、森林旅游开发建设工程和平原绿化工程。

2. 森林建设目标

以一、二、三干河两岸水土保持林、石臼湖、大中型水库水源涵养林、森林公园和自然保护区特用林、天然阔叶林、交通绿色长廊、城镇乡村绿化和生物防火林带建设为重点，明确职责，依靠科技，建设生态公益林 11.292 万亩，至 2020 年森林覆盖率提高到 40%；活立木蓄积为 58 万 m^3，其中林分蓄积为 56 万 m^3，树林蓄积 1.2 万 m^3，散生木蓄积 0.8 万 m^3；四旁树（村旁、宅旁、路旁和水旁）总株数 1085 万株，蓄积量 16 万 m^3。

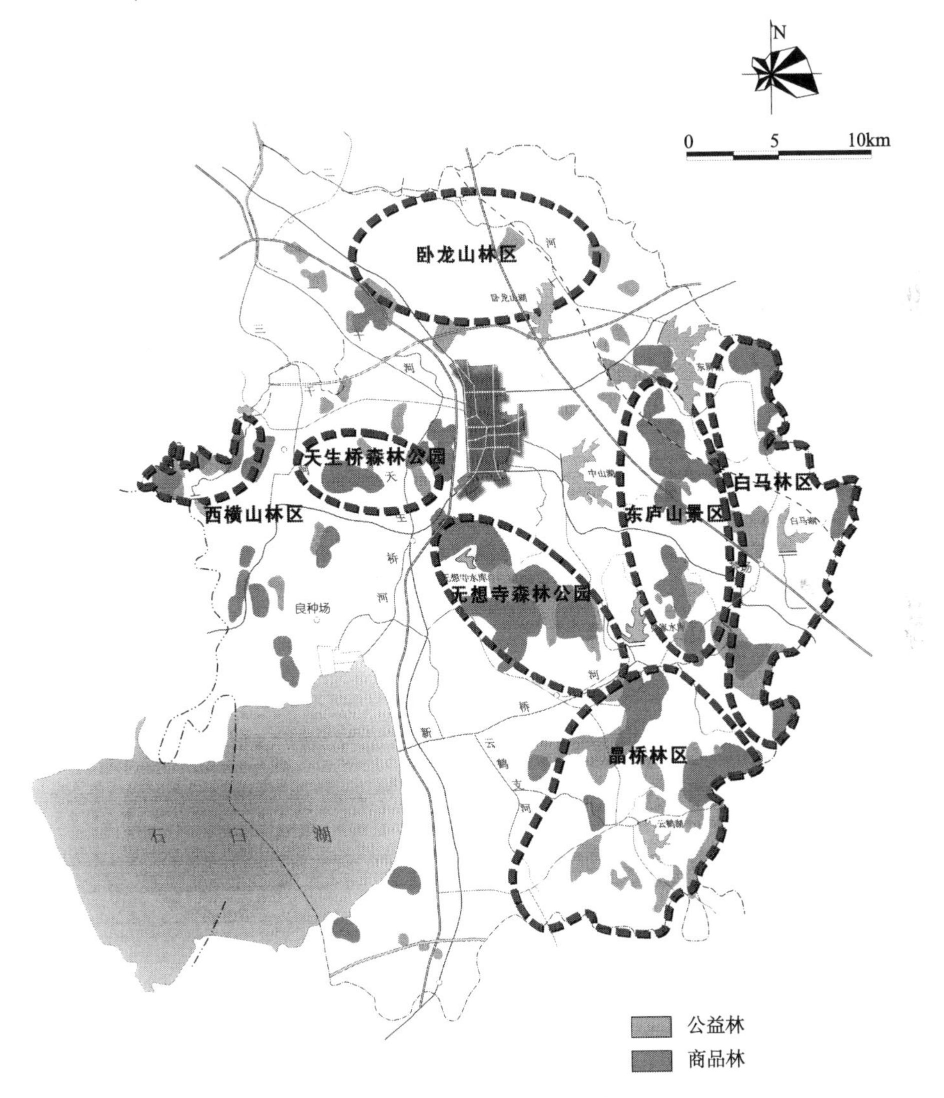

图 5-3　溧水生态公益林分布

四、森林资源保障与建设思路

加强封山育林和水系源头保护，禁止滥垦乱伐、陡坡开荒，保护天然林资源，加快生态恢复进程，通过生态公益林建设和退耕还林等措施，使溧水的森林覆盖率进一步提高。

1. 加强生态公益林保护与建设

重点围绕生态公益林的建设，达到改善生态环境的目标。在生态公益林建设中，以丘陵山区林业建设为重点，加速水源涵养林建设，快速发展城镇环境林和交通通道公益林建设，强化风景林建设。建设以乔灌为主的农田防护林，改善农田生态环境，增强抗灾能力。主要河道、堤坝、河流建设水土保持林，保护堤岸，涵养水源，减少水土流失。绿色通道逐步向高标准、园林化方向发展，绿化美化通道、景区、农区和城镇，溧水境内达到各种防护林纵横交错、相互联结，各林种结构合理，生态效益显著提高。

重点实施两大建设工程：

（1）东庐山、卧龙山、爱景山、浮山水土保持与水源涵养林建设工程。包括国有东庐林场、东屏、白马、永阳等八镇，六大国有林场苗圃的 156 个行政村、42 个工区（队、组）。该区水源少，蓄水能力差，下游水库、河沟多，农区水源供需矛盾突出。2～3 级以上提水灌溉多，伏、秋旱现象经常发生，林区生态功能脆弱，农区生态环境亟待改善。主要任务是人工造林、“双低”林改造与幼、中林抚育等。

（2）平原圩区（石臼、秦淮）农田防护林建设工程。该区是溧水的农业主产区，包括石湫、洪蓝、和凤、晶桥、柘塘、东屏、永阳的 56 个行政村。农区夏季易受台风、暴雨袭击，易遭洪涝灾害。该区防护林体系建设以农田林网络化建设为重点。

2. 优化树种布局

溧水主要的土壤类型有山顶、山背裸岩薄层黄棕壤，坡积厚层黄棕壤，沟谷、山洼黄棕壤，岗、壕黄棕壤，石灰岩土，潜育层稻田土、垛土等。针对不同的土壤类型，应选择不同的树种：

（1）薄层黄棕壤以抗病良种马尾松、杂阔树为主；

（2）坡积中厚层黄棕壤分阴坡和阳坡，阴坡、坳部的以杉木、毛竹造林为主，阳坡以国外松、檫树等为主；

（3）沟谷、山洼黄棕壤以经济林、水杉、池杉、杜仲为主；

（4）岗、壕黄棕壤以经济林为主；

（5）石灰岩山地以封山育林，适当营造侧柏、刺槐、国外松土球苗相结合为主；

（6）稻田土以水杉、池杉、杨柳为主，乔灌草合理搭配；

（7）垛土以杨树和经济林为主。

3. 全面提高林分质量

根据立地条件，大力发展速生丰产林，高效经济林，特别是对土层深厚、地势平缓的丘陵山地，经改造后大力发展既有生态效益又有经济效益的林木，提高林分质量和效益。在风景区内，要选择树姿优美、叶花共赏的不同种类树种更新和改造低产林的林相，对于多代的低产林要提高功能等级，在疏林地、有林地中的林中空地应进行补植、套种或更新；对于次生林中有经济价值的乔木树种较多，且分布比较均匀的林分，要进行全面疏伐，保留主要的树种并合理修枝，从总体上提高森林郁闭度，强化生态公益林的防护功能。

4. 建立森林资源保护和管理体系

建立林木消长动态监测网络，加大木材流通的监测力度，管好山上的林木采伐和山下的木材加工、经营、运输，严厉查处限额采伐以外的一切违法行为；严格控制林木资源的消耗总量，确保生长量大于采伐量。

建立较为完备的森林防火体系，不断提高火险天气、火险等级的预测预防和火灾卫星监测水平；继续实行森林防火工作的行动领导负责制。建立红外仪远程监测体系和林业防火专业队。逐级建立森林火灾综合治理领导组织，制定森林防火和森林火灾综合治理规章制度，完善基础设施建设，开展森林防火宣传教育，严格控制野外用火；建成一支有一定装备水平且训练有素的专业、半专业及义务防火、扑火队伍，实现重点林区不发生特大森林火灾，坚持把森林火灾控制在低发水平。

建立完备的森林病虫害检疫、防治体系。做好预测预报工作，建设具有较高科技含量的病虫观察试验基地和森林病虫监测预报网络，加强生物生态防治。另外，建立森林资源保护和管理机制。

五、森林资源保障措施

1. 培植典型示范，抓好重点项目建设

一是以特色+科技为主导，建立一批高效成产技术示范基地，着重抓好茶叶、青梅、杨梅、蓝莓、黑莓、板栗、梨桃、山核桃等名优鲜果的高产高效栽培，以及杂交桑、经济林果立体化种植等生产示范基地的建设，着力培植多种经营专业大户和重点村、镇，扩大影响辐射面，带动结构调整；提高有机、绿色食品生产基地面积，扩大生态品牌的知名度和影响力。二是积极组织实施重点项目，着重抓好低产茶园改造、笋用竹开发、高标准农田林网、村庄绿化示范、松材线虫病综合防治、速生杨丰产林以及森林旅游业开发等重点项目建设，通过项目实施，起到示范带动作用，加快结构调整。

2. 发展林业科技，提高林业技术队伍素质

一是更新品种。以提高良种自给率和覆盖率为目标，继续加强种苗基地建设。启动种苗质量标准体系建设，抓好新品的引进和试验推广工作。同时有重点地引进推广一批科技含量高、市场潜力大、经济效益好的果树、茶叶等新品种。二是技术更新。坚持技术推广与产业结构调整相结合，普及运用先进实用、增产高效的生产技术。一方面加强与农林大专院校的科技联合，合作开发一批具有较高推广价值的新成果；另一方面通过开设田间课堂、现场咨询，专题培训、电话查询等多种形式，适时推广经济林果高效种植技术等，并举办各类专业技术培训班。三是知识更新。协助抓好村镇林业队伍建设，大力开展业务培训，提高林业技术队伍整体素质，指导农民用科学技术实施结构调整。

3. 创新经营机制，搞活林产品市场

一是建立滚动发展机制。建立健全镇村两级积累再投入发展机制，实施滚动开发。继续加大外部资金的引进力度，以优引外，争取外地客户前来投资开发，采取合资、独资等多种形式，多渠道增加投入，增强发展活力。此外，加强镇村两级资源性资产、国家集体投入资金的经营管理，保证林业开发资金专款专用，用于重点发展项目、良种繁育、林果开发市场流通等服务体系建设。二是继续推进土地有序流动。通过集体资产经营公司，在经济林果等连片开发中依法实行土地流转，聚集生产要素，合理配置资源，进一步促进生产基地建设和区域发展特色。三是加快发展镇办营销公司，努力发展镇办营销机构在服务农民、促进林产品走向市场的作用，真正使之成为连接林产品与市场的桥梁和纽带。

4. 严格遵守森林保护法律法规，保护森林资源安全

加强对全县林地的保护工作，完善执法体系建设，认真贯彻执行《森林法》及其实施条例、《森林防火条例》、《江苏省实施〈中华人民共和国森林法〉办法》等法律、法规，坚持以法治林，依法打击各种破坏森林资源的行为，严格执行林木采伐限额和林地征、占用审批制度，查处各种林政案件，保护森林资源安全。

第五节　能源资源保障与利用

一、能源资源利用概况

1. 生活用能

2010 年溧水生活用煤 8.15 万 t，与 2009 年持平。“十一五”期间，由于洁净燃气的使用量增加，生活用煤与“十五”期间相比反而减少，全县生活用煤总量为41.77万t。全县生活用电户数154887户，其中城镇居民42041户，用电装接容量80837 kW，其中县城268467 kW，用电总量16086万kW·h。“十一五”以来溧水生活用电情况如表5-2所示。

表5-2　溧水生活用电情况

年份	生活用电/万kW·h	年份	生活用电/万kW·h
2005	53334	2008	11656
2006	64655	2009	13284
2007	9936	2010	16086

2. 规模工业用能

应用相应的折算系数，折算为标准煤，规模工业企业能源消耗情况见表5-3。

表5-3　2010年工业企业能源消耗情况

类别	单位	工业生产消费
原煤	t	622153.88
焦炭	t	25226.89
汽油	t	1742.96
煤油	t	52.75
柴油	t	9060
燃料油	t	743
液化石油气	t	1539.48
电力	万kW·h	93495.79

3. 总的能源消耗情况

2010年规模工业用能39.63万t标煤，洁净燃气350万标m^3，燃料油0.34万t，耗煤量比2009年增加了140.4%，创造工业总产值518.08亿元，万元工业产值能耗0.076t，比2009年万元工业产值能耗0.102t下降25.5%；生活用煤8.15万t，耗煤量比2009年减少0.97%。2010年溧水重点源燃料消耗大户情况如表5-4所示。

表 5-4　2010 年溧水 4 家重点源燃料消耗大户情况表

名次	企业名称	燃料消耗/（万 t 标煤/a）	占总耗量比例/%	累计/%
1	江苏汉天水泥有限公司	25.04	67.33	67.33
2	南京秦源热电有限公司	8.84	23.77	91.10
3	南京金焰锶业有限公司	2.17	5.86	96.96
4	南京晶美化学有限公司	1.13	3.04	100.00
	合计	37.18	100	100

二、能源资源需求预测

依据 2015 年 GDP 总量 572.58 亿元，预测溧水中、远期 GDP 总量为 1500 亿元和 3000 亿元。按照村镇生态环境支撑系统建设指标要求：单位 GDP 能耗中期 1.1 t 标煤/万元，远期按 1 t 标煤/万元估算，则能源需求量为中期 1650 万 t 标煤、远期 3000 万 t 标煤。

尽管溧水单位 GDP 能耗低于全省平均水平，但随着经济的发展，能源的需求量也越来越大。对于溧水这样一个能源对外依赖度较高的县城的发展，无疑是一大挑战，因此必须进行一场能源效率革命，通过节能、调整产业结构等来优化能源配置、提高能源效率，实现经济社会的可持续发展。

三、能源资源保障及节能措施

1. 节能优先、提高能源利用效率

应把节能优先的问题作为一个非常重要的能源发展战略，改变重视供应、轻视对能源需求合理性管理的传统做法。树立起资源忧患意识，设定全社会能源消费控制指标，加强节能政策引导，在产业发展规划上要充分考虑能源节约，鼓励节能技术的研发、引进和产业化发展，全方位推动节能。

积极提高能源利用率，大力倡导节能。节能要依靠产业结构调整和产品升级、提高能源利用效率，还要依靠科学技术进步、强化节能和提高能效。工业部门能耗对能源总需求起着支配性作用，建筑和交通用能成为能源需求增长的主要因素，要把工业、建筑和交通作为节能和提高能效的重点。大力开展节能关键技术的研发与应用推广，并将节能与环保结合起来，提供系统解决方案。实施“节能优先、科技为本、政府引导、市场推动”的发展战略，大力推行提高能源利用效率和资源综合利用技术，对能源生产、输送、加工、转换和利用的全过程实行节能管理，使主要产品能耗达到国内先进水平。

2. 优化能源结构，促进洁净能源和可再生能源的发展

做好能源规划和消费结构调整，建立促进清洁能源、可再生能源产业发展的文化氛围，通过《可再生能源法》的普及，加强能源短缺、珍惜资源和保护环境的教育，提高全社会利用可再生能源的自觉性。

依靠科技发展和技术进步，开拓能源和能源有效利用新领域，如新能源开发技术、可再生能源有效利用技术、高效太阳能应用技术等。形成规模化的新产业，使新能源科技广泛应用于全社会各个领域，创建有利于新能源和能源有效利用的新制度、新流程、新基础和新聚集效应。结合西气东输工程，积极推广天然气应用。鼓励新能源与可再生能源的利用，大力开发风能、太阳能等资源，支持新能源与可再生能源的健康快速发展。争取到 2020 年，农村生活用能中新能源所占比例在现有基础上提高到 60%以上。鼓励大型企业利用清洁能源、可再生能源，建立重点耗能企业报告和审计制度，对溧水重点耗能企业实行用能的污染物排放年报制和总量控制制度，并定期公示，接受社会监督。对超过总量控制指标并对环境造成较大影响的企业给予一定的经济处罚，积极探索总量控制交易制度。

3. 加大对能源基础设施建设的投入

能源工业建设投资是基础建设投资的重要组成部分，也是拉动经济增长、创造就业机会的重要驱动力之一。应当高度重视动力系统建设，加大对能源基础设施建设的投入，全面加快能源基础设施建设步伐。

4. 建立能源产业装备和人才体系

有目的、有选择地引进、消化吸收发达地区先进技术、工艺和关键设备。特别是在设备设计方面下大力量，并作为产品自主创新、增强竞争力的重要手段。加大与国内技术装备科研院所、知名企业的合作力度，及早开发具有国际先进水平、自主知识产权的装备，增强竞争力。大力实施人才兴业战略，培养、引进本行业高端人才，用一流的国内、国际人才，创一流的太阳能光伏发电、风电产业。

5. 构建适应市场经济要求的节能推进体制

继续深入贯彻实施节能的法律法规，加强节能检测机构和队伍建设，不断提高执法能力和水平，按照相关法律、法规的要求，加强节能执法监督。同时，争取公共财政政策对节能工作的支持，加大对节能环保的投入力度，借鉴国外通行的做法，对购买节能产品的消费者，由政府给予一定的补贴，以促进节能产品的技术开发、生产和推广使用。

第六章　支撑村镇发展的生态产业体系

第一节　村镇生态产业体系建设研究

一、村镇生态产业内涵

（一）概念

生态产业是按生态经济原理和知识经济规律组织起来的，是基于生态系统承载能力，具有高效的经济过程及和谐的生态功能的网络型进化型产业。它通过两个或两个以上的生产体系或环节之间的系统耦合，使物质及能量可多级利用、高效产出，资源及环境可系统开发、持续利用（王如松和杨建新，2000）。村镇生态产业体系指的是在村镇行政区划内，以生态学原理和经济学原理为指导，以环境系统为依托，以清洁生产为手段，以循环经济为基本形式，以满足人类社会需求为目标，模拟食物链网的形式，将不同产业和行业形成集生产、流通、消费、回收、环境保护及能力建设于一体的产业链网，实现资源节约高效利用、环境友好、生态可持续发展的区域生态经济复合系统。它是人类对自然环境适应、加工、改造而建设的一个特殊人工生态系统，其要素包括生态工业、生态农业、生态服务业及环境因素、社会经济与文化环境等。

（二）村镇生态产业体系构建的基本原则

1. 经济效益、社会效益与生态效益相协调的原则

村镇生态产业体系构建过程中要把生态建设与经济建设、提高人民生活水平、社会文明进步有机结合起来，促进经济、社会和生态环境之间的良性循环。对待自然资源，既不是掠夺式开发，也不是被动地适应，而是从人类的活动与自然环境的生态过程之间的关系出发，追求区域总体关系的和谐、功能的协调，最终达到经济效益、社会效益与生态效益相协调。

2. 可持续发展的原则

可持续发展始终处于核心地位。发展生产力，满足人类需求是第一位的，但不能只顾眼前的利益，而要把短期利益和长远利益、局部和整体的关系有机结合起来。只有从可持续发展的角度确定经济发展方式和对资源环境的利用方式，构建村镇生态产业体系，才能真正促进生产力的发展。

3. 因地制宜的原则

村镇生态产业体系的构建，要根据当地的资源优势、主导产业及经济技术承受能力，确定建设的内容及重点项目、需要重点解决的问题，做到符合实际情况，切实可行，以期通过各方面的共同努力能够达到预期的目标。

4. 保护与开发并重的原则

保护生态环境的同时，社会发展也不能停滞不前，在保持生态平衡的前提下，要合理地利用各种资源。针对区域生态环境面临的突出问题，在加大建设力度的同时，坚持预防为主、保护优先，在保护中建设，在建设中保护，依靠科技进步和社会文明，协调好保护和建设的关系。

5. 整体协调的原则

生态产业体系是经济、社会、环境高度协调统一的系统。在建设的过程中一定要兼顾系统内容方面的协调统一，不能只偏重一个方面，应协调好各个部门、各个领域及一二三产业之间的关系，充分考虑社会、经济与资源、环境的协调发展，统筹城乡发展，促进人与自然和谐。

二、村镇生态产业体系的研究内容

村镇生态产业体系的研究内容包括以下内容。

1. 生态产业发展思路

根据村镇区域自身的自然、社会、经济等综合条件，从县域生态经济复合系统的角度，在服从县域生态总的规律下，制定村镇生态产业发展的总体思路，做出生态化的产业发展定位、目标及空间布局的战略部署。

2. 生态农业建设

生态农业是把农业作为一个开放的生态、经济、技术复合人工系统，在经济与环境协调发展的指导下，依据生态学和经济学原理，应用系统工程方法建立和发展起来的具有生态合理性、功能良性循环的一种农业体系（孙鸿良，1993）。应对村镇区域农业发展状况、存在问题与发展前景进行分析，提出生态农业发展目标与对策措施。

3. 生态工业建设

生态工业是依据生态经济学原理，运用生态规律、经济规律和系统工程的方法来经营和管理的一种现代化工业发展模式，通过两个或两个以上的生产体系或环节之间的系统耦合使物质和能量多级利用、高效产出或持续利用，从而节约资源，实现最终的废物低排放或零排放（鲁成秀，2003）。应对村镇区域工业发展状况、存在问题与发展前景进行分析，提出生态工业发展目标与对策措施。

4. 生态服务业建设

生态服务业是生态产业体系的重要组成部分，主要包括生态物流、生态旅游、生态住宿与餐饮等，是指在充分合理开发、利用当地生态环境资源的基础上发展的服务业。其发展在总体上有利于降低城市经济的资源和能源消耗强度，发展节约型社会，是整个生态产业体系正常运转的纽带和保障。应对村镇区域服务业发展状况、存在问题与发展前景进行分析，提出生态服务业发展目标与对策措施。

5. 生态经济管理体制建设

根据生态产业体系建设要求，制定一系列生态化的、可持续发展的法律法规、制度政策等宏观调控策略体系，建立起各项有利于生态产业体系建设的制度机制。例如，改革和完善现行的国民经济核算体系，把绿色国民经济核算体系指标纳入各级党政领导政绩考核的指标体系，探索建立环境资源成本核算体系和以绿色GDP为主要内容的国民经济核算体制；在环境影响评价基础上，加强建设项目的生态环境影响评价工作，研究和建立科学和操作性强的生态环境影响评价方法；在充分发挥市场配置资源基础作用的同时，强化政府在生态产业建设方面的综合协调能力等。

以下以溧水为实例，建立生态产业发展总体思路，并对农业、工业、服务业的发展状况、发展前景进行分析。针对其存在的问题，以循环经济与可持续发展为指导思想，提出相应的产业生态化对策措施，建设生态产业体系，支撑村镇生态环境系统与村镇的持续发展。

第二节　生态产业发展的总体思路

一、生态产业发展定位

遵循产业生态学原理和循环经济理念，以生产发展产业化、产业发展生态化为目标，通过政府引导、制度支持、科技推动、企业主导，从单个企业、行业、产业聚集区三个层面展开工业、农业、服务业等生态产业体系建设，通过不断优化产业结构和布局，提高资源利用效率，转变经济增长方式，逐步形成以生态工业、生态农业及生态旅游为特色的产业体系。

1. 生态工业发展定位

以汽车及零部件制造、电子信息产业、机械装备产业、新型材料产业、轻工食品产业五大主导产业的生态转型为主线，以 ISO14000 环境管理体系认证、企业清洁生产、环境友好行业与企业发展、工业集中区生态化建设为重点，促进原材料、能源、水资源等的循环利用和污染物减量排放。积极推进工业生态化，加快新型工业化进程，建设工业强县。

2. 生态农业发展定位

结合农业环境资源特点和现有优势农产品，以构筑产供销与贸工农一体化的农业生态产业链为重点，以社会主义新农村生态建设和美丽乡村建设为载体，促进农业生产过程中农药、化肥、农用薄膜等农用化学品的减量化。将农业与工业、服务业有机整合，建设物质循环转化、资源有效利用的生态农业发展区。

3. 生态服务业发展定位

从服务主体、服务途径、服务客体等多个角度入手，延伸全县工业和农业特色产业的链条，围绕节能、降耗、减污、增效等方面，综合物流和能流，使资源高效利用，废物产生量最小化，实现绿色服务和可持续消费。

二、生态产业发展目标

充分利用资源与保护资源相结合，发展经济与保护环境相结合，以生态、经济、社会三个效益的高度统一为目标，多层次利用农业废弃物质，建设种植业、养殖业、农产品加工一体化的复合生态农业系统。按工业生态学基本原理建立新型的生态工业体系，逐步在产品、企业以及企业间三个层次上实现减量化、再利用和再循环。提高服务业的生态化意识，把服务业生态化与环保行动结合起来，作为其重要组成部分；培育示范行业，推行生态化服务。做大、做强以山水湖泊和生态农业景观为特色的生态旅游产业。

本着分步推进的原则，生态产业建设分为调整充实、全面推进、良性发展三个阶段。

1. 第一阶段（2011～2015 年）：调整充实

产业发展逐步从资源扩展（消耗）型发展阶段向技术推动型发展阶段过渡。

逐步形成以“三镇一体”为核心产业基地的生态产业布局框架。建成一批高起点、高效益和见效快的循环经济示范项目，实施清洁生产企业的比例达到30%，单位GDP的能耗、水耗、污染物排放强度等指标逐步下降，各项相关指标全面达到国家生态县建设标准。据统计，“十二五”期间，溧水总计完成关停“三高（高消耗、高污染、高危险）两低（低产出、低效益）”企业95家，淘汰落后产能企业67家。2015年，溧水规模以上工业企业能源消耗总量为46.3万t标准煤，同比下降2.2%；煤炭消耗总量33.4万t，同比下降2.8%。秦源热电启动煤改气工程，金焰锶业等6家综合能耗超万吨标准煤的企业已开展能源管理体系建设，通过节能技术改造实现节能减排增效。

2. 第二阶段（2016～2020年）：全面推进

在前一阶段的基础上，利用5年时间，使溧水生态产业驶入快速发展轨道，形成具有鲜明区域特色的生态产业格局，树立以绿色优质资源、生态产业群、生态产品群为主要特征的生态产业大县形象。产业发展步入技术推动型发展阶段，产业结构和产业布局更加合理。基本形成以循环经济为特征的生态产业发展模式，产业水平全面提升，单位GDP能耗、水耗和单位GDP污染物排放强度等指标全面优于国家生态县建设标准。

3. 第三阶段（2021～2030年）：良性发展

全面建成循环、高效、低能耗、低排放的生态产业体系。在巩固和完善的基础上，进入良性循环的生态产业发展轨道。实现生态产业发展各项目标；全面形成区域生态产业体系，真正确立生态产业强县形象；全县形成以优质生态资源为依托，以生态产业为主体的生态经济体系。

三、生态产业总体布局

运用产业生态学知识和产业布局区位理论，基于溧水生态产业的发展方向和目标，确保发展经济与保护生态空间并重，坚持产业布局不损害重要生态功能区服务功能的原则。采用园区块状产业和带状产业的生态产业空间布局模式：传统工业实施园区集中布局和沿交通线的带状布局；生态农业以良好的生态环境和特色生态基地为主，大力发展农业生态经济，通过辐射带动覆盖生态网架之间的缓冲地区。生态主导产业整体形成“一心、二带、一环”的空间格局，即生态服务业中心、生态工业带和生态旅游带、生态农业环（图6-1）。

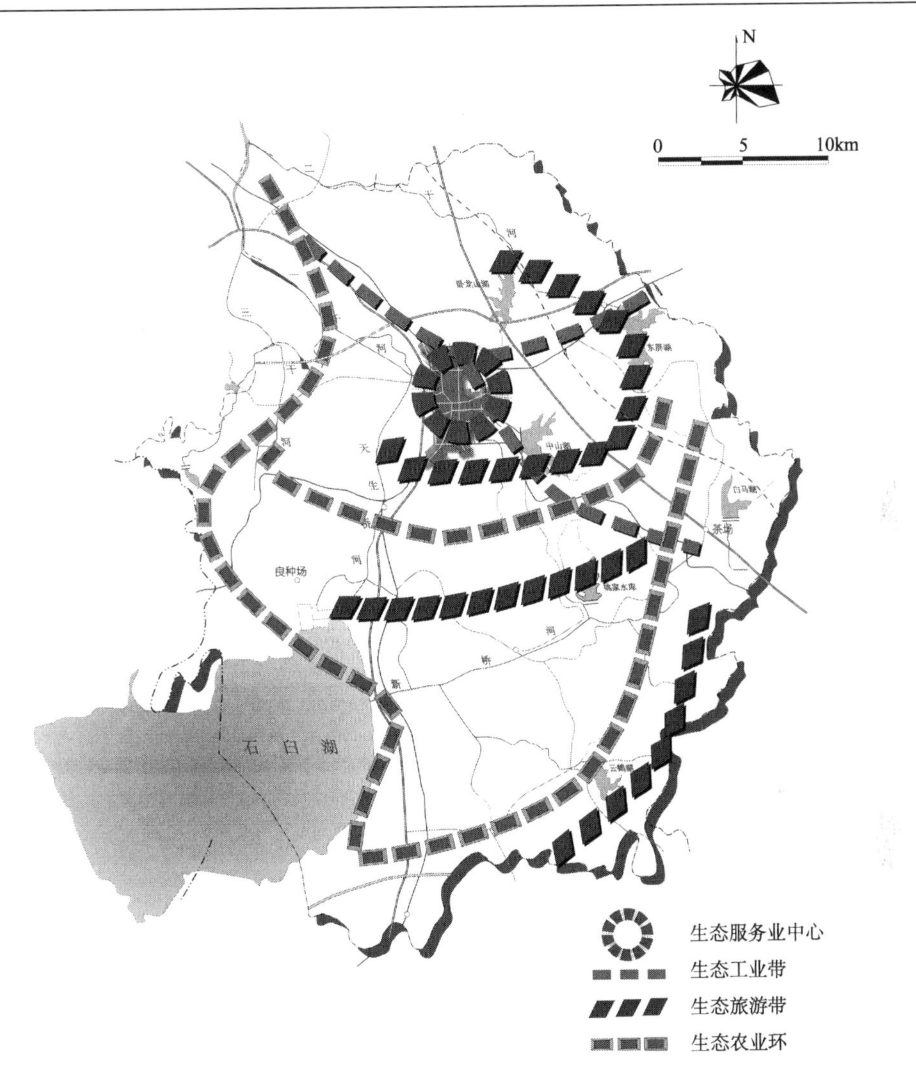

图 6-1　溧水生态产业总体布局

第三节　生态农业发展

一、农业发展概况

“十一五”以来，溧水积极推进农业产业化经营和生态化转型，并且取得明显成效。

1. 农业经济稳步发展，结构不断优化

通过生态农业建设，溧水三次产业结构进一步得到调整和优化，农业生产进一步向农、林、牧、渔多种经营过渡。2010 年农林牧渔业总产值 38.09 亿元，比 2005 年增长 58.50%；农民人均纯收入 10804 元，2006～2010 年年均增长 13.17%，其中来自农业部分约 2425 元，占 22.45 %。

2. “生态溧水”建设成效显著

“十一五”以来，溧水农业生态建设成效显著，累计完成成片造林 89470 亩，新建防火通道 120 km，完成村庄绿化 380 个。有林地面积达 43.82 万亩，森林覆盖率由 2005 年的 20.2%提高到 28.3%，提高了 8.1 个百分点，森林覆盖率位于全市第二。林业产业建设步伐加快，先后建成了黑莓、蓝莓、茶叶、山栀、苗木等一批产业基地，经济林面积达到 16 万亩。五年共吸纳“三资”投入 1 亿元，造林面积达 4 万多亩，荣获“全国经济林果示范县”和“绿色江苏建设林业产业先进县”等荣誉称号。

3. 农产品质量明显提高

在扶持溧水有机食品、无公害黑莓、獭兔加工等重点产业的建设中，农业资源开发始终坚持绿色开发、生态开发原则，注重农产品质量安全建设，重点开展“无公害农产品产地认定工作整体推进”工作，通过认定的“三品”基地面积，占全县食用农产品种养规模的 85%。至 2010 年，累计通过无公害认证的农产品有 43 个，通过绿色食品认证的产品有 19 个，通过有机食品认证的有四大类 150 个产品，并相继制定通过省、市、县级审定“无公害黑莓、有机蔬菜、无公害茶叶生产操作规程”等标准化管理办法。形成“1 站 15 点”的“放心菜”检测网络，农产品市场准入度的提高，增强了市场竞争力，促进了优质、高效农业发展。

4. 农业产业化水平明显提升

溧水农业产业化水平不断提高，结构调整步伐加快，优势农产品快速发展，造就了溧水特色经济林果、优质蔬菜和生态观光农业等主导产业。特色种、养业的发展，加快培植了黑莓、青梅、草莓、有机食品、蜂蜜、獭兔等一大批农业龙头企业。2010 年，溧水有省级农业龙头企业 7 家、市级农业龙头企业 10 家、县级农业龙头企业 17 家。农业品牌意识进一步增强，“十一五”期末，溧水有“溧峰”“天骄”“金陵花”等市级名牌产品 16 个，“傅家边”“严景万”等省级名牌产品 6 个，溧水品牌农业形象快速提升。

二、农业发展存在的问题

1. 农田资源质量不高，抵御自然灾害的能力不强

农田资源的数量和质量是影响农业可持续发展的重要物质因素。在溧水，山区和圩区并存，一是农田肥力基础偏低，农田平整度差，对灌排设施建设的要求高；二是高标准农田建设的任务重、难度大、投资多；三是由于投入不足，肥料施用单一，造成土壤有机质、钾素含量不断下降、土壤基础地力减退。

2. 有机农业标准化水平较低

有机农产品标准及生产技术规程均未建立健全，还不能完全与国际接轨，给生产带来了被动。宣传不足，对发展有机农业认识不足，思想观念还没有根本转变。比较缺少高层次的有机蔬菜管理和技术人才，企业自身滚动发展能力不强，发展有机农业的措施难以落实。

3. 农业企业规模小、数量少，联结和带动能力不强

农产品产加销联结机制不完善，生产、加工、流通各环节之间相互脱节。农业龙头企业发展水平低与结构趋同并存。新品种、新技术的引进、推广工作还不适应形势的发展，新、奇、特产品少，农产品市场竞争力不强。标准化、无公害化、品牌化的普及还有较大差距，影响增收。中介组织和农民经纪人发育滞后，服务组织与农民的利益机制尚未真正形成。农业公共服务投入严重不足，农业科技推广服务体系功能弱化，与广大农民、种植养殖大户、农业园区等的实际需要具有很大的差距。

4. 农业资源环境保护有待加强

对资源环境的有效保护和合理利用是农业持续发展的基础，但目前存在较多问题：一是乡村工业水平低，污染源多，“三废”的直接危害和潜在危害十分严重，污水、废气对水土资源和农业生产造成的危害时有发生；二是化肥、农药的过度使用，使土壤肥力下降，甚至造成土壤的污染和作物药害，影响作物正常生长；三是耕地和水资源的保护不容忽视，土地和水资源浪费尚未得到有效控制；四是土地合理开发和利用的水平不高，资源质量在开发中未得到有效保护，水土流失严重，产出率也不高。

三、生态农业的发展目标

1. 总体目标

充分利用现有生态环境资源，以生态型高效农业和循环农业为发展方向，以特色农业基地和农产品为抓手，调整优化农业布局，合理开发与保护农业资源，有效控制农业面源污染，从根本上改善农业生态环境和生产环境，实现农业生产过程清洁化、农产品无害化和优质化。

2. 分阶段目标

（1）中期，推进农业结构调整，优化产品结构，加大农业基地建设和农业环境整治力度，使无公害种植面积占食用农产品种植面积的比重达到90%，绿色和有机农产品比重达到25%，加大有机和绿色农业基地建设比重，基本建立起生态农业体系。

（2）远期，进一步加大有机和绿色农业基地建设以及农业环境整治力度。大幅度提高有机和绿色农产品比重，着重建设一批有机农业和绿色农业基地，力争2030年有机和绿色农产品比重达到30%，全面完善生态农业体系。

四、生态农业的发展策略

1. 建设四大种植基地

建立和完善有机粮油、有机蔬菜、有机茶叶、有机四梅（莓）和有机蚕桑生产基地，同时根据当地自然与经济特点，建设各具特色的有机农产品标准化生产示范区，形成溧水有机农业分布格局（图6-2），着力发展具有区域特色的主导产品，促进农产品参与国际市场竞争。

2. 大力发展生态养殖业

畜禽养殖重点发展规模化与无公害养殖基地，突出发展以优质鸡、肉鸭、四季鹅、獭兔为代表的优质家禽基地，水产品养殖重点建设无公害水产基地，大力发展沿石臼湖无公害特种水产养殖带、柘塘规模化特色养殖区、石臼湖出口创汇养殖区、洪蓝河蟹精养区、和凤晶桥的稻田养殖等生态养殖示范区等“一带四区”水产养殖基地。

3. 加快农业产业化

大力发展农产品深加工，运用农产品保鲜、深加工及相关配套技术，大力开发具有本地传统特色、地域优势、高附加值的深加工产品，以优质粮油产加销、有机蔬菜加工、黑莓精加工、畜禽产加销、蜂蜜精加工为重点，发挥农业科技园区“产品蓄水池”的作用，实现农产品的增值增效，逐步把农产品加工业发展成为农村经济的支柱产业，引导园区原料生产专用化。

图 6-2　溧水有机农业布局图

4. 继续推进农业循环经济建设

扩大建设沼气综合利用示范点，增加有机种植面积。溧水循环农业除进一步发展秸秆—猪—沼—有机农业、秸秆—食用菌—有机肥—有机（无公害）农作物模式外，重点推广林-鱼-鸭立体种养模式、林-菇-鸭（菜）种养模式与稻-鸭-萍（绿萍）立体种养模式。

5. 改造中低产田

以治水改土为中心，通过灌溉、除涝降渍、配套建筑物建设、平田整地、改良土壤、农田林网建设等手段，对中低产田实行综合治理与改造，提升现有田地的生产能力。

6. 改善农业生态环境

推行化肥减量化、农药减量化、农用塑料薄膜的回收与综合利用，加强农田水利建设，发展节水灌溉，抓好大型灌区配套改造，加速圩区治理和河道疏浚，提高抗御自然灾害的能力。

7. 加快农业科技进步，促进农业示范园区建设

加快农业新品种、新技术的引进、示范、推广，提高农业科技的整体水平；加大农业龙头企业的技术改造投入，加快引进国内外先进技术、设备和工艺；鼓励农业企业与从事农产品加工的高等院校、科研机构合作，实行产学研紧密结合，加快农业加工企业新产品、新技术的开发应用。基于溧水自然资源优势和生态环境保护优势，加快建设有机农业示范园，加快有机农业产业化进程，努力把溧水有机农业示范区发展成名、特、优和出口创汇产品的农业示范基地。

第四节　生态工业发展

一、工业发展概况

“十一五”以来，溧水大力实施工业立县战略，加快构建完善的产业体系，推动产业集群集聚发展，全力打造新兴制造业基地，工业取得了长足发展。截至2010年，已形成国有控股企业、股份制企业、“三资”企业等多种经济成分共同加快发展的格局。溧水积极打造和壮大支撑力大、影响力大的支柱行业，逐步形成了汽车及零部件加工行业、电子信息业、机械制造业、新型材料业、食品轻工业五大主导产业。2010年五大主导产业实现产值416亿元，占全县工业总量的80%

以上，培育了电子、光伏等新兴产业，新兴产业初现雏形。拓展了工业企业门类，涵盖采矿业、制造业、电力燃气及水的生产和供应业三大类工业的30余个门类。工业企业近4000家，较“十五”末增加了1600家，主营业务收入500万元以上的规模企业达到550家，较“十五”末增加333家，其中新增亿元以上企业64家，新增千万元以上企业300家；工业从业人员达到11.5万人。

二、工业发展存在的问题

（1）溧水规模企业少，尤其缺乏具有一定规模和国际竞争力的大型企业。现有骨干企业尚未发挥龙头作用，没有较好地形成产业链，未能与当地企业实现集群化发展。如长安汽车还未形成经济规模，对周边配套企业的拉动作用还未完全显露。

（2）产业发展水平较低，面临减排与调整的压力很大。溧水企业主要集中在劳动密集型和传统产业中，主要从事加工工业，大多数企业处于产业链下游，高新技术产业、新兴产业总量偏低，企业研发投入动力不足，缺乏自主知识产权的品牌和技术，核心竞争力不强。

（3）高新技术企业发展缓慢，传统工业企业急需升级换代。溧水原有的工业企业结构中，劳动密集型企业偏多，高新技术产业规模相对较小，对经济总量贡献较低。传统行业技术革新滞后，升级换代进程缓慢。企业生产经营粗放，环境保护意识不强，对生态化建设认识不足。

三、生态工业的发展目标

溧水人均资源相对不高，并具有一定环境压力，如果重复前人工业化初期以资源的过量消耗和环境生态破坏为代价推进工业化，不仅资源的持续供给将难以支撑，而且工业化和经济发展也会难以为继，因此，发展生态工业的需求极为迫切。

1. 总体目标

以科学发展为主题，以加快转变经济发展方式、推动转型创新跨越发展为主线，按照“高端引领、创新驱动、绿色低碳”的思路，加强自主创新，积极推动主导产业高端化、新兴产业规模化、传统产业品牌化发展，加快调整优化产品和技术结构、调整优化产业组织结构、调整优化空间布局结构、调整优化行业结构。重点向生物医药、电子信息、食品加工、汽车配套等新型产业发展，突出高新技术应用；转变经济增长方式，走外延向内涵发展、由粗放向集约化发展的新路子；实施大项目带动战略，推动资本向主导产业、开发区和优势企业集中；通过规划先导、技术支持、培育典型等手段，实现工业的低消耗、高利用、低排放。

2. 分阶段目标

（1）中期目标：推动化工产品产业转移和绿色化发展，完成汽车及零部件、食品加工、电子信息、机械制造与加工、新型材料等主导产业清洁生产规划，启动工业园区整合和工业布局调整工作，在基本遏止工业外部不经济性恶化势头基础上，重点监督部分污染严重的化工和建材行业，加大环境整治力度；在工业企业中全面推广清洁生产技术、ISO14000 认证；启动一批环境效益好、操作性强、有推广前景的循环经济示范项目。

（2）远期目标：增强工业集聚水平，把推动产业集群作为做大工业的突破口，以开发区、私营经济园区、特色工业园为载体，增强开发区的龙头效应。从企业（点）、行业（线）、开发园区（面）层面，通过规划先导、技术支持、培育典型、示范带动，促进工业生态转型，最终实现从生态工业向高效、循环经济过渡的目标。

四、生态工业的发展策略

1. 结构布局的生态调整

加强产业政策引导，加快工业结构调整，扶植以生态技术或以“减量化、再利用、再循环”（3R 原则）为支撑的生态产业群，推进资源消耗和污染排放较大行业的结构调整与传统工业的改造提升；引导项目向开发区集中，做大产业集中区；促进分散工业向园区集中，实现污染集中治理；按照“大项目—产业链—产业基地”的发展思路，强化产业调配与布局。

2. 产业提升与生态化

重点推进以汽车及零部件制造业、新型冶金材料行业、食品加工行业、纺织轻工行业、机电行业、电子信息业、医药与保健行业为代表的产业提升与生态化建设。

3. 企业生态化建设

通过政府制定鼓励政策，积极推动企业清洁生产行动，实施工业企业“有毒物排放清单”制度、源头削减试点推广工程和重点行业企业的零排放试点工程，促进企业生产管理与环境管理的一体化建设，推进企业绿色升级。

4. 园区生态化建设

针对以汽车、机械电子、纺织服装、食品工业等为发展重点的溧水经济技术开发区，通过统筹工业园区的规划与建设，实现绿色管理；加强原材料入园前以及产品、废物出园后的全生命周期管理，最大限度降低产品对环境的不利影响；围绕龙头企业，延伸上、中、下游产品链，实现原料综合利用；对拟入园企业，通过强化产业政策导向，加强对新建项目的能效评估，提高入园环境门槛；对已入园企业，通过应用高新技术改造传统工艺和开发新产品，实施清洁生产审核和环境管理体系认证，创建生态型企业与生态工业园区。

第五节　生态服务业发展

一、服务业发展特点

1. 商贸流通业成为服务业发展的重要支柱产业

商贸流通业作为传统服务业，随着社会经济的快速发展在不断做大做强，已形成以通济街商业广场、万辰国际广场等为中心的商业核心区域。目前，新型贸易业态迅速成长，消费品市场稳中见旺，消费增长不断升级。通过农村综合服务社以及“万村千乡”市场工程的建设，农村的商贸业也有了较大的发展。

2. 服务业内部结构进一步优化

一方面，商贸、餐饮等传统三产稳步增长；另一方面，随着对外开放的进一步发展和各项改革的进一步深入，信息化、国际化、规模化也逐渐成为服务业发展的新要求，一批新兴的服务产业开始不断涌现。近年来，以生态旅游、房地产、现代物流、中介服务等为代表的新兴服务业所占的比重不断上升。

3. 服务业的发展在扩大就业、增加税收等方面发挥了积极的作用

随着溧水商贸、餐饮、运输仓储、金融保险、教育、文化艺术、广电和社会服务等一批高就业服务行业的迅速发展，第三产业从业人数明显扩大，吸纳就业的功能不断提高。从业人员年均增长5%左右，目前已达7.2万人。2010年服务业实现税收9.1亿元，比2005年增加3.1倍，对地方财政收入的贡献逐年增加。

二、服务业发展存在的问题

1. 服务业整体发展水平尚待提高

2010 年，溧水三次产业结构比为 9.2∶64.3∶26.5，三产比重 26.5%。从 2005 年到 2010 年，服务业所占的比重从 34.4%下降到 26.5%，远低于省、市服务业比重，服务业总体发展水平提高不快。“十一五”期间，溧水服务业增加值年均增长 18.5%，比 GDP 年均增速低 5.2 个百分点，比工业增加值年均增速低 9.4 个百分点。从服务业内部结构来看，传统服务业占据主导地位，房产、中介服务、社区服务等尚处于起步阶段。服务业的规模效应、品牌效应、技术效应尚未形成。

2. 相对落后的经济发展水平制约了服务业的发展

溧水的经济基础相对薄弱，生产功能后劲不足，经济结构性矛盾突出，装备工业落后，产业链短，关联度低，产业竞争力不强。2010 年，溧水人均地区生产总值 5.8 万元，与南京市平均水平相比还有较大差距。经济基础薄弱、居民消费水平相对偏低、消费结构不合理以及现代消费理念尚未形成等原因，使服务业缺乏持续有力的需求支持，制约了服务业的发展。

3. 资金投入分散，发展条件有待改善

溧水区位优势明显、山水资源丰富，但由于有效投入不足，一直没有得到很好发挥，特色难以形成。2010 年溧水三产投入达 31.9 亿元，但主要集中在房地产业和基础设施建设上。真正用于商贸、市场、物流园区建设以及旅游等产业发展上的资金不多，产业发展缺乏有力的支撑。受土地资源和政策因素的影响，服务业项目用地总体供给不足，一定程度上影响了一些大项目的招商和推进。城区旧城改造拆迁成本高涨，将商业用地价格推高，制约了品牌商贸企业的引进和现代业态的发展。

三、生态服务业的发展目标

围绕三产兴县战略，以工业化、城镇化带动生产型和新兴生态服务业，依托紧靠禄口机场的区位优势，加快发展现代商贸和流通行业，全面启动市场建设，引进新型商业业态，形成以商贸圈、市场群、特色街为支撑的新的经营格局。积极发展房地产、现代金融等其他服务业，吸引主城区市民来溧水购房置业。鼓励金融保险企业进一步改进服务，积极发展会计服务、法律服务、管理咨询、工程咨询等中介服务业、信息服务业等。不断壮大服务业规模，优化内部结构，形成以现代服务业为核心，传统服务业为补充，新兴服务业为重点，生活性服务业为

配套的现代服务业框架。规划远期服务业在国民经济中的比重力争达到50%，建立发展生态型服务产业的机制和框架。

四、生态服务业的发展策略

1. 加快壮大生产性服务业

重点建设以现代物流业、金融服务业、服务外包产业、软件和信息服务业、商务服务业、文化创意产业与农业服务业为代表的生产性服务业。

2. 着力提升生活性服务业

发挥地方资源优势，突出特色亮点，推动休闲旅游业发展，打造溧水秦淮源旅游文化品牌，将溧水建成省际休闲旅游目的地；努力构建一个市场更加繁荣、特色更加鲜明、功能更加完善、布局更加合理、管理更加科学的商贸流通新体系，促进商贸流通业转型升级；建立以廉租房、住房公积金和经济适用住房为主要内容的住房保障体系，合理引导、有序发展商品房市场，并积极推广新技术、新材料、新设备和新工艺的应用，提高房地产业科技含量和智能化水平；重点发展健康服务、医疗服务、养老服务、家政服务、社区服务等家庭服务行业，加快建立比较健全的惠及城乡居民的多种形式的服务体系，不断满足居民多样化、个性化的消费需求。

3. 均衡发展公共服务业

发展文化广电事业，推进群众精品文化工程建设，打造 1～2 个在全国范围有影响的文化活动品牌；建立健全城乡一体的公共卫生、基本医疗和药品供应服务保障体系。进一步优化教育布局，促进义务教育均衡发展与教师队伍建设，依托社会各种教育资源大力发展各类教育培训机构；巩固健全全民健身组织服务体系，形成以体育公园为龙头，以城区全民健身广场和镇级文体活动中心为骨干，以行政村、中心村、社区健身工程点为基础的三级体育设施分级布局体系。

此外，加强水利、交通等公共基础设施建设，推进城乡建设一体化；加快社会保障和福利事业发展，逐步实现城乡公共服务均等化；加强市政、环保服务建设，鼓励企业和个人参与市政、环保设施投资与经营，提高公用设施服务水平和环保节能效率；按照省市统一部署和要求，推进服务业体制改革，逐步实现公共服务供给主体多元化和供给方式多样化。

4. 重点产业建设空间布局

（1）现代物流功能区。根据溧水区位优势和产业布局，现代物流功能区空间布局为以航空物流园、创维物流园与移动物流中心、粮油物流中心为代表的“两园两中心”。

（2）文化创意功能区。结合县域文化资源布局，溧水文化创意功能区分为文化创意集聚区、艺术品收藏展示区、文化艺术服务区和文化产品产销集中区等四大功能板块。

（3）休闲旅游功能区。根据溧水旅游资源分布情况，休闲旅游功能区分为历史文化旅游区、收藏文化旅游区、影视文化旅游区、农业观光旅游区和商务休闲旅游区。

（4）商贸服务功能区。根据城镇化发展方向，溧水商贸服务功能区空间布局由商贸主中心、商贸副中心、市场集聚区、镇级商贸服务区和社区商业服务区等五级商贸体系构成。

第七章　支撑村镇发展的环境保护体系

第一节　村镇环境保护体系研究

一、村镇环境保护体系的建设需求

村镇作为社会组织机体的细胞和社会经济与自然环境的复合系统中的基础单元，其生存形式与发展态势都是至关重要的。一方面，村镇生态环境是人类赖以生存和发展的基本条件，是农业生产和农村经济发展的基础，为村镇发展提供了生产资源和巨大的环境容量；另一方面，村镇建设空间结构和布局的无序和非理性，以及发展进程中无组织、无约束的建设行为，导致经济上的高投入、高能耗、低产出、低效益，自然资源迅速衰竭，生态环境质量急剧恶化。我国相当一部分小城镇建设存在盲目性和随意性，构成小城镇基础的各个村镇更没有系统性建设规划可言，即便有也并没有将环境保护体系建设纳入其中。

同时，当前对于村庄区域功能定位和空间格局的评价，多是从村庄的区域需求以及村庄自身的发展能力来判断的，通常是采用层次分析法等定量分析手段，开展多个维度的村庄功能和空间格局综合评价。在评价中，选择描述村庄空间格局和发展潜力的表征因子时，往往侧重于产业发展、社会结构、人口规模、基础设施等诸多因子，生态环境条件也同样作为其中一类因子影响村庄空间定位与格局。然而在乡村的生态价值权重不断上升的转型时期，区域生态环境因素的重要性越发重要，生态环境资源与其他因素的关联度的增加有助于实现生态价值向其他多方面价值的升级和转换。在部分发达地区，由于粗放式发展路径所导致的原有环境基底的破坏，仅存的生态资源稀缺性和敏感性突出，生态环境成为制约村庄转型的关键点。作为这样一种生态系统的战略资源，生态环境应被视为开展村庄功能和格局评析的先决目标，在权重分配与评估时序上有所偏重。因此，在开展综合评价之前，首先应该对村庄生态环境进行评价。

村镇环境问题虽已得到政府和公众的日益关注，但其相应的村镇及农村环境污染治理才起步不久，村镇环境污染排放的随机性、隐秘性与不确定性使得村镇环境质量的监测工作变得相当困难，也使得对于村镇生态环境的研究显得依然匮乏。研究村镇建设发展与生态环境之间的关系、制定村镇环境保护体系，是村镇及村镇生态环境全面、可持续、健康发展的基础，对于管理、防治和改善村镇环境质量、解决村镇环境问题具有重要意义。在全球区域内，各个国家越来越重视生态环境保护规划与研究工作，环境保护体系建设也已列入我国各级政府的重要工作日程，在进行村镇建设的同时，必须同时进行高起点的环境保护体系建设，以防止大量污染物进入水、大气和土壤系统，破坏人类及生物的正常生存环境，保证人体及生物体的生命健康，恢复水、大气、土壤等自然生态系统的使用功能，为人类生产生活提供舒适安全的自然及人工环境。

二、村镇环境保护体系的研究内容

村镇环境保护体系建设是指依据生态学、环境学原理与方法，在对县域内环境和资源调查分析与评价的基础上，分析环境资源的承载能力与适宜性，合理安排与配置资源，充分利用环境容量，为县域社会经济可持续发展提供环境安全与资源保障。其内容包括：

1. 环境评价和预测

对村镇区域的环境本底状况进行调查；建立有针对性的评价指标，对村镇自然环境、经济社会现状和环境污染进行评价，确定主要污染物和主要污染源；进行环境预测，包括社会发展和经济发展预测、污染产生与排放量预测、环境质量预测、生态环境预测、环境资源破坏和环境污染造成的经济损失预测。

2. 环境功能分区

基于环境调查与评价，根据国家环境法律法规、地方法律法规等规章制度，划分村镇区域各项环境功能分区，如环境空气质量功能区、水环境功能区、声环境功能区及二氧化硫、酸雨两控区等。

3. 环境保护与污染控制

研发推广污染物排放控制技术，制定实施控制污染物排放政策，对于污染物总量及排放进行控制，如污染物总量控制、大气环境保护与污染控制、水环境保护与污染控制、声环境保护与污染控制、固体废弃物防治等传统污染控制内容，以及因城市中不必要的照明造成的“光污染”、大量排放冷却水造成的“热污染”等新型污染控制对象。

4. 环境建设

主要包括以水资源调控、水环境治理、水环境保育、水景观建设和水安全保障为核心的区域生态环境建设；以生物资源循环再生、生态卫生设施建设、生态安全保障和生态工程整合为核心的乡村生态环境建设；以可再生能源利用、人居环境建设、生态整合调控和生态文化振兴为核心的城镇生态环境建设。

5. 环境管理

环境管理是国家环境保护部门的基本职能，包括组织管理、产品管理和活动管理，是运用行政、法律、经济、教育和科学技术手段，协调社会经济发展同环境保护之间的关系，处理国民经济各部门、各社会集团和个人有关环境问题的相互关系，使社会经济发展在满足人们物质和文化生活需要的同时，也对环境污染进行有效防治，使生态平衡得以维护。

以下以溧水为实例，以村镇环境质量与环境污染问题分析为基础，关注村镇污染控制的总体目标与水、大气环境、固体废弃物、噪声等各分项污染控制的具体目标及方案，识别村镇环境突出问题与重点区域，以生态环境整治与保护为目标，提出相应的对策措施，以保护与恢复村镇环境功能，支撑村镇生态环境系统与村镇的持续发展。

第二节　村镇污染控制

一、村镇污染控制的总体目标与指标

1. 总体目标

溧水全县环境污染和生态破坏得到全面控制，城市和农村环境污染得到有效治理，秦淮河（一干河、二干河、三干河）、石臼湖（天生桥河、新桥河、云鹤支河）流域水环境质量符合功能区要求，饮用水源的水质保持良好；城镇环境空气质量达到相应功能区标准，机动车尾气污染和酸雨污染基本得到控制；城镇声环境质量进一步改善，固体废物基本实现无害化、资源化。

2. 具体指标

（1）开发区内企业产生的废水基本纳入园区污水处理厂进行集中处理，做到达标排放，工业污染源达标排放率 100%；加紧建设镇级污水处理厂，使城镇、工业、生活污水集中污水处理率达到 100%；二氧化硫的排放强度控制在 0.8 kg/万元（GDP）以内；城镇垃圾无害化处理率达 100%，工业固废处置利用率达 100%，农村垃圾集中无害化处理率大于 90%；化肥施用强度控制在 200 kg/hm^2 以内，畜禽粪便综合利用率达 95%以上。

（2）城镇集中式饮用水源地和地表水功能区水质达标率均达到 100%，主要水环境、大气环境和区域声环境稳定达到所属功能区要求，水库水质不低于国家地面水Ⅱ类标准，一二三干河、新桥河、天生桥河、石臼湖水质不低于国家地面水Ⅲ类标准，大气环境稳定达到国家二级标准，酸雨频率控制在 40%以下；城镇声环境质量稳定达到功能区要求；城镇固体废物基本实现无害化、资源化。

二、水污染控制

（一）水污染源及污染物排放状况

2010年，溧水废水排放总量为6337.19万t，其中生活污水排放量为4368万t，工业废水排放量为1968.56万t，达标排放量为1795.05万t。工业废水处理量为1888.88万t，处理率为96%，处理达标率为95%。2010年，溧水主要污染物为化学需氧量、石油类、汞、氨氮、六价铬，工业废水中五项污染因子排放总量为2100.04 t，其中有机污染指标化学需氧量排放量为1986.94 t，汞排放量0.0001 t，石油类排放量为26.69 t，氨氮排放量为85.82 t，六价铬排放量为0.59 t。重点污染源如表7-1所示，总计等标污染负荷为232.02，共占废水重点源总负荷比的81.10%。

表7-1　2010年工业废水主要污染物评价表

名次	企业名称	等标污染负荷	负荷比/%	累计负荷比/%	所在区域
1	溧水鹏鹞污水处理有限公司	65.27	28.13	28.13	县开发区
2	南京金鹏蚕丝业有限公司	23.58	10.16	38.29	洪蓝镇
3	南京天生油脂有限公司	19.66	8.47	46.76	洪蓝镇
4	南京云海特种金属股份有限公司	19.00	8.19	54.95	晶桥镇
5	南京飞燕活塞环股份有限公司	17.48	7.53	62.48	永阳镇
6	南京亚狮龙体育用品有限公司	15.15	6.53	69.01	白马镇
7	南京小洋人生物科技发展有限公司	13.98	6.03	75.04	开发区
8	南京金爱泉化工有限公司	12.21	5.26	80.03	和凤镇
9	南京金岛服装有限公司	10.85	4.68	84.98	永阳镇
10	南京溧水县洪溪有限责任公司	9.29	4.01	88.99	洪蓝镇
11	南京梦丽偲纺织品有限公司	8.80	3.79	92.78	洪蓝镇
12	南京佛照照明器材制造有限公司	8.56	3.69	96.47	洪蓝镇
13	溧水县众鑫食品有限公司	8.19	3.53	100.0	开发区

（二）水环境质量状况

基于2010年数据，对溧水水污染状况进行分析，得到如下结果（图7-1）。

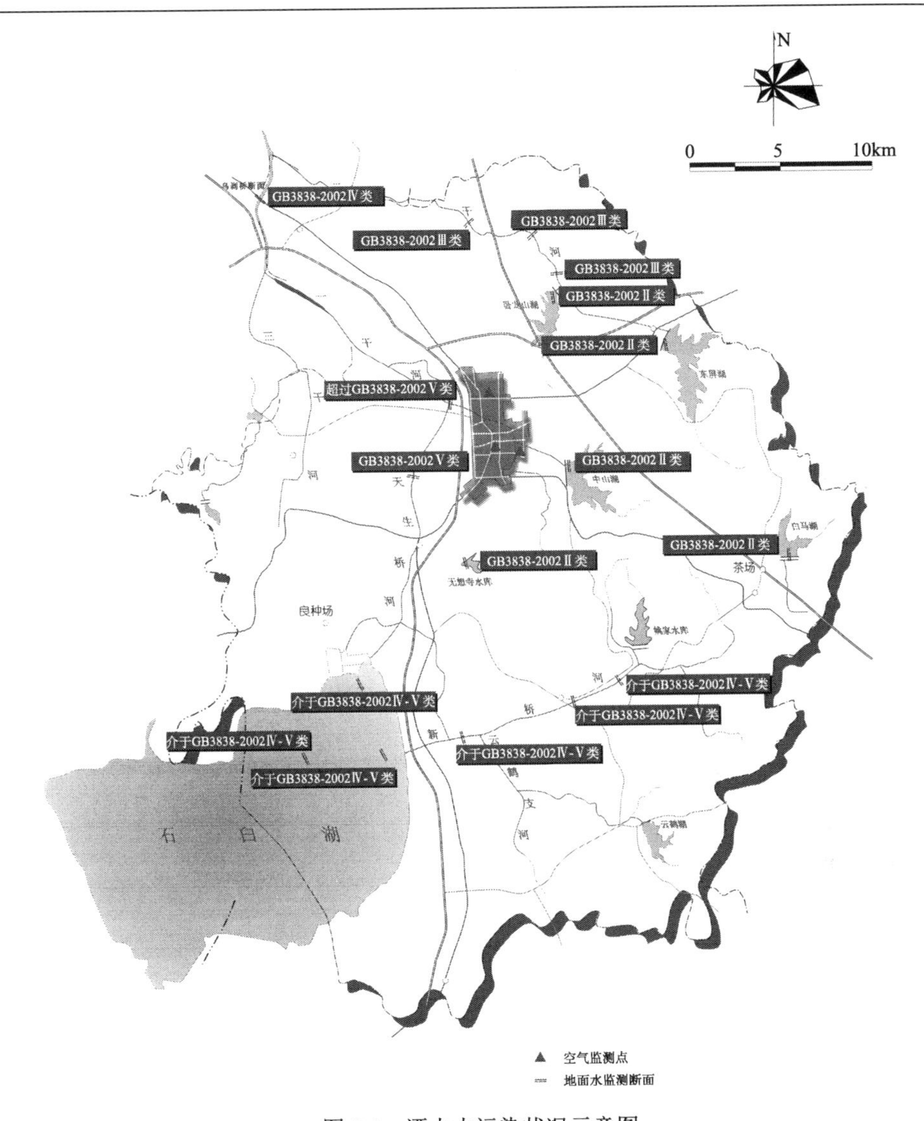

图 7-1　溧水水污染状况示意图

（1）一干河水质：2010 年，一干河水质为Ⅳ类，主要超标污染物为化学需氧量及氨氮。“十一五”期间，高锰酸钾指数、化学需氧量、生化需氧量、挥发酚等污染物浓度稳中有降，石油类、氨氮呈不稳定状态，表明一干河水质受化工行业污染减少，受生活污水、船舶排污影响加大，水质功能尚未达到规划要求。

（2）天生桥河水质：天生桥河沙河码头、天生桥两个监测断面水质为Ⅴ类。全河主要超标指标为溶解氧、化学需氧量和氨氮。由于开发区污水处理厂目前运行稳定，天生桥航运部门对来往船只进行了有效管理，减少了大量的化工污水排放和航运污水的产生，天生桥水质有所好转。

（3）新桥河水质：新桥河韩家圩、新桥两个断面水质均介于Ⅳ～Ⅴ类，老河口水质为Ⅲ类，三个监测断面污染程度由高到低排列依次是新桥、韩家圩、老河口。新桥点位依然受晶桥化工园区排放工业污水的影响，水质差；韩家圩是新桥河段的下游，经水体自净作用，韩家圩点位污染程度相对减轻，但水质也较差；老河口位于上游，受污染程度较小，水质保持较好。2010 年，新桥河污染综合指数比 2009 年上升 1.01 倍，原因为晶桥观山地区企业未处理废水的偷排、漏排现象又有抬头迹象。

（4）二干河水质：二干河石坝桥、长乐桥、开太桥三个监测断水质均为Ⅳ类，基本达到规划功能要求。二干河污染物主要是化学需氧量和生化需氧量等。目前二干河的水质基本保持稳定，主要原因是二干河上有多处正在进行河道整治工程，如开太桥处的二干河综合整治工程、石坝桥处的新石坝桥建设工程等。

（5）石臼湖水质：由 2010 年水质监测结果显示，湖心水质能够达到Ⅲ类水标准，而洪蓝河口和晶桥河口水质介于Ⅲ～Ⅳ类标准，尚未达到要求。三个监测点大部分监测指标较上年有所改善，部分指标如氨氮、总氮浓度下降明显。

（三）水污染防治

1. 控制目标

污染物排放：溧水应以环境承载力、环境容量为依据，以环境质量达标为目标，以污染物浓度控制和总量控制双达标制度为手段，来控制污染物排放。全县废水年排放量控制在 2000 万 t，其中工业废水排放量 1500 万 t，县城（含建制镇）生活污水排放量 500 万 t；COD 年排放量控制在 2000 t 以内，排放强度控制在 3.5 kg/万元（GDP）以内。工业废水中其他主要污染物年排放量控制指标为：石油类 80 t，挥发酚 600 kg，悬浮物 1000 t，氰化物 300 kg，汞 5 kg，六价铬 100 kg。

污染处理：中期重点污染源工业废水排放达标率 100%，远期工业废水排放全面达标；城镇生活污水集中处理率中期达到 85%，远期达到 100%。农村地区启动农村生活污水、人尿粪、畜养废水、动物尿粪的集中处理和净化沼气池工程，控制和减少污水排放。

环境质量：水环境质量明显改善，具有较强自净能力，水体达到相应功能区划标准，中期秦淮河水系干、支流水质稳定达到Ⅳ类标准；石臼湖水系干、支流水质稳定达到Ⅲ类标准，城市河流总体达到Ⅳ类标准；远期两大水系水环境质量达到Ⅲ类标准以上。

2. 控制措施

（1）从源头上控制新污染的产生。加强区域规划和布局，调整并优化产业结构。区域规划、区域开发建设等重大决策和所有的建设项目需严格执行环境影响评价法和环保“三同时”制度，从源头上控制新污染的产生。

（2）控制工业污染排放。对污染严重、未达标排放的工业企业，按照浓度排放和总量控制的双达标要求实行限期治理；对那些治理无望的重污染企业，坚决予以关停并转。严格按功能区的要求，将布局不合理的工厂、企业搬迁到适当的位置，并加快进行污染治理；大力发展循环经济，推行清洁生产及节水技术改造。严格控制新增含有机毒物和一类污染物的新建项目，加强对难降解的有毒、有害物质的监测和治理。加强水上运输管理，严格控制运输船只排污。采取污水截流、活水工程、生态工程及水利措施并通过科学管理等综合治理城镇内部河流的水污染。

（3）加快建设城镇污水集中处理设施。县城建设 4 万 t/d 处理规模的城镇污水处理厂、中水回用设施和截污管网配套设施，2015 年新增污水处理能力约 2.5 万 t/d，在白马等其他各镇建设 0.5～1.0 万 t/d 处理规模的城镇综合污水集中处理工程，完善管网收集系统，污水厂出水水质应达到《城镇污水处理厂污染物排放标准》（GB 18918—2002）一级 A 标准。

（4）大力防治农业面源污染。完善初期雨水、排水系统，建设雨水渗滤工程，加强防渗渠道建设；恢复沿河、湖湿地，营造河、湖防护林带，拦截氮、磷等营养物质；改进施肥结构，推广使用有机肥料和生物农药，提高化肥利用效率，减少对水体的影响；实施集约化养殖，防治水产养殖和饲养场污染；推广畜禽粪便资源化技术，建设大中型沼气工程。

（5）综合整治重要水系环境。对 6 条主要骨干河道，以控制水土流失、禁止工业污水排放为主，结合河道清理改善水质，使水质达到Ⅳ级。大力实施河湖清淤和行水障碍清除工程，完成一二三干河、白马河、天生桥河及 3 座水库的清淤、清障及整治，并新扩建、疏浚当家塘 590 座。重点加大加强以控制秦淮河有机污染和石臼湖化工污染为重点的流域环境综合整治，加强对秦淮河一干河、晶桥镇观山化工园新桥河上游排污企业有毒有机污染物排放的监测和监控，对超标排污企业严格按照环保法律法规的要求下达停产限期治理；开展流域化工、电镀等行业的产业结构调整，降低区域结构性污染的比重，对重点工业企业进行清洁生产审核。

（6）优化水环境功能，保护饮用水源。严格按照水质功能目标，进行水资源、水环境使用功能的调整，做好排污口的系统优化，对入湖河道的排污口要进行有效监督和管理。加大对水污染严重区域的整治力度，实施相应工程措施有效削减污染源（内源与外源），必要时采取输调生态用水与河道净化措施。切实加强水源保护措施，按水源保护有关规定在各取水口上、下游设立保护区，进行严格管理，不允许新增污染源，有效控制源头污染，保证水源地水质满足饮用水要求。

（7）保护地下水环境。对地下水开采实行总量控制、计划开采、目标管理，防止地质灾害的发生。严格控制深层地下水开采，控制农用地下水开采量。同时抓好电镀等企业排放重金属污染物的情况，严格防止对地下水的污染。

三、大气环境保护

（一）大气污染源状况

1. 工业污染

2010年，溧水工业耗煤39.63万t，洁净燃气350万标m^3，燃料油0.34万t，万元工业产值能耗0.076 t。废气排放量111.0亿标m^3/a，其中燃烧废气17.7亿标m^3。

根据2010年企业燃煤量和污染物排放情况，重点大气污染源有12家企业（表7-2），大多集中在永阳镇、晶桥镇、柘塘镇，累计耗煤量占溧水工业耗煤量的97.7%，二氧化硫排放量占76.1%。由于污染源大部分为低架源（几何高度低于30 m的排气筒排放或无组织排放源），且比较集中，在气象因素影响下，对整个县城区及一些乡镇区域大气环境质量均有一定影响。

表7-2　2010年溧水重点源等指标污染负荷情况表

序号	企业名称	二氧化硫排放量/（t/a）	烟尘排放量/（t/a）	粉尘排放量/（t/a）	负荷比/%	累计负荷比/%
1	南京柘塘水泥有限公司	0	0	455.00	14.79	14.79
2	南京金焰锶业有限公司	186.03	72.84	0	14.45	29.24
3	江苏汉天水泥有限公司	56.56	0	244.97	11.64	40.88
4	南京秦源热电有限公司	137.00	35.72	0	10.07	50.95
5	南京中宁锻造有限公司	82.80	137.80	0	9.86	60.81
6	溧水观山精细化工有限公司	124.00	40.30	0	9.37	70.18
7	南京晶美化学有限公司	72.63	118.04	0	8.56	78.74
8	南京长安汽车有限公司	77.99	42.74	0	6.46	85.20
9	南京合兴包装印刷有限公司	62.40	20.28	0	4.71	89.91
10	南京亚欣玻璃制品有限公司	50.82	37.75	0	4.53	94.44
11	南京金岛服装有限公司	38.40	12.48	0	2.90	97.34
12	南京忠信交通设施有限公司	35.20	11.44	0	2.66	100.00
合计		923.83	529.39	699.97	100.00	100.00

2. 生活污染源

2010年，溧水生活用煤（含餐饮业）8.15万t。由于洁净燃气的使用量增加，生活用煤量反而减少，“十一五”期间全县生活用煤总量为41.77万t，平均每年耗煤8.35万t，并呈逐年下降趋势。

3. 流动污染源

流动污染源主要为机动车辆，其排放的污染物主要有氮氧化物、碳氢化合物、一氧化碳和燃烧排放的黑烟。至2010年底，溧水拥有机动车辆总数77538辆，其中汽车22222辆，轻型摩托50289 辆。“十一五”期间，机动车比“十五”增加17.2%，汽车增加16968辆，轻型摩托增加11870辆。由此可见，随着经济水平的稳步提高及人们生活水平的提高，运输车、汽车、摩托车成为人们的主要代步工具。

（二）大气环境质量

获得2010年环境空气质量监测样品数据如表7-3所示。可吸入颗粒物年平均值为0.097 mg/m^3，日均值超标率为0.6%；二氧化硫年平均值为0.027 mg/m^3，日均值未出现超标；二氧化氮年平均值为0.034 mg/m^3，日均值未出现超标；降尘年平均值为6.88 t/（月·km^2），日均值超标率为11%；硫酸盐化速率年均值为0.32 mg/m^3，日均值未出现超标。

表7-3　2010年空气质量监测数据量统计表

项目	可吸入颗粒物	二氧化硫	氮氧化物	降尘	硫酸盐化速率	降水
数据量/个	156	156	156	36	36	35

2010年实际监测的降水量为946.5 mm，气象部门提供的降水量为1255.6 mm。全年共获降水样品35个，其中pH小于5.6的酸性降水样品26个，酸雨发生频率为74.3%，比上年下降11.9个百分点。pH小于5.6的酸雨平均值为4.66。年降水pH平均值比上年降低 0.26，雨水酸性增强，降水pH最小值比上年有所降低。酸雨发生频率最高的是 1、2、3、4、5、6 月份，均为100%酸雨，其次 7 月份酸雨频率为80%，8月份为50%，9月份为33.3%，10、11、12 月份未出现酸雨。

2010年大气等标污染指数为2.69，属轻度污染。主要污染物为可吸入颗粒物和降尘，负荷分担率分别占32.0%和41.8%。二氧化硫最低，污染负荷为9.8%。四项污染物各季度的等标污染指数以季日（月）平均值和日平均标准进行评价，各季度负荷分担率较为均衡，主要污染物仍然是降尘和可吸入颗粒物。这主要是由于城市建设、机动车辆排气和行驶形成的二次扬尘，造成可吸入颗粒物和降尘变化，随着技术经济的发展，已无显著差异。

（三）大气污染控制

1. 控制目标

中远期城区和广大农村地区空气质量稳定达到二级标准，主要大气污染物排放总量在 2010 年基础上削减 25%。

2. 控制措施

（1）调整燃料结构，扩大清洁能源。2 t 以下（含 2 t）燃煤锅炉禁止批准建设，并对城区 1 t 以下燃煤锅炉有计划、有步骤地进行改造，对暂未能改造的燃煤锅炉改用低硫优质煤；提高城区天然气使用比例，居民使用清洁能源的比例不低于 96%，在城区建设基本无烟区；在农村地区，实施“一池三改”工程，建设以农村户用沼气池为纽带的各类新能源生态模式工程。

（2）优化工业结构与布局。对污染严重企业进行关、停、并、转、迁，特别是石臼湖周边的污染企业，严格限制新的污染企业进入工业园区，大力发展无污染、轻污染的高新技术产业；工业企业集中进入项目集中区，巩固和扩大烟尘控制区建设成果。

（3）大力推行尾气达标工程。提高机动车尾气排放标准，加强机动车尾气达标监测，加快淘汰污染严重的落后车辆和老旧车辆，大力发展以电力、燃气等为燃料的清洁能源汽车，促进先进、高效的发动机及尾气净化装置的推广和使用。

（4）加强建筑、拆迁和市政等施工现场以及运输过程中的扬尘污染控制。加强机动车的清洗，对于易扬尘类货物，运输时应尽可能做密封或覆盖处理；在房屋拆建和开挖等施工过程中尽可能进行湿法封闭作业；同时加强道路建设，不断提高中高等级公路的比例。

（5）强化城镇绿化。积极建设城镇防护林带，社区绿化应消灭裸露黄土，提高区域绿化率，从而更加有效地美化环境，并降低大气污染。

四、固体废弃物处理

（一）固体废弃物产生和处置状况

1. 工业固体废物

2010 年，溧水工业固体废弃物产生量为 4.02 万 t，综合利用量为 3.92 万 t，综合利用率达 97.51%。固体废弃物产生量最大的产业为有色金属及压延制品业，达 2.92 万 t，占总量的 72.64%，其次是化学原料及化学制品业，交通运输设备制造业，电力、热力的生产和供应业，化学纤维制造业，塑料制品业。这六个行业年产固体废弃物占总量的 99.25%，其年产固体废弃物量统计见表 7-4。

表 7-4　2010 年行业工业固体废弃物情况统计表

行业名称	产生量/万 t	占全县百分比/%
有色金属及压延制品业	2.92	72.64
化学原料及化学制品业	0.67	16.67
交通运输设备制造业	0.22	5.47
电力、热力的生产和供应业	0.09	2.24
化学纤维制造业	0.07	1.74
塑料制品业	0.02	0.50
合计	3.99	99.26

2010 年度溧水 8 家重点企业工业固体废弃物的产生量为 10.57 万 t，占全县总产生量的 94.9%。产生量最大的是南京金焰锶业有限公司，年产生量为 6.77 万 t，占工业固体废弃物总产生量的 60.83%（表 7-5）。

表 7-5　2010 年溧水重点企业工业固体废弃物情况统计表

序号	企业名称	年产生量/t	占全县百分数/%	一般工业废物/t	危险废物/t
1	南京金焰锶业有限公司	67713	60.83	67713	—
2	南京秦源热电有限公司	27930	25.09	27930	—
3	南京晶美化学有限公司	3416.93	3.07	3414	2.93
4	江苏汉天水泥有限公司	2391	2.15	2380	11
5	南京长安汽车有限公司	1489.39	1.34	1343	146.39
6	溧水县观山精细化工有限公司	1219	1.10	1219	—
7	南京中宁锻造有限公司	796	0.72	796	—
8	南京八幸药业科技有限公司	708.37	0.64	490	218.37
	合计	105663.69	94.94	105285	378.69

2. 城镇居民生活废弃物

城镇居民生活废弃物主要包括居民生活垃圾、建筑垃圾、商业垃圾、农贸市场垃圾和粪便。2010 年，溧水城区生活垃圾收运量为 7.2 万 t，生活粪便清运量为 5 万 t。生活垃圾平均日清量为 100 t，最高量达 195 t/d，清洁面积为 120 万 m^2。

（二）固体废弃物污染的控制

1. 控制目标

以资源的循环利用为主线，以科学技术为支撑，实现固体废弃物的减量化、无害化、资源化，营造洁净安全的城乡环境。2020 年，城镇垃圾无害化处理率、工业固体废物处置利用率、工业危险废物安全处置率、生活垃圾和重点医院医疗废弃物无害化处理率等指标均达到 100%，镇中心医院医疗废弃物无害化处理率达到 90%以上；农村垃圾无害化集中处理率、畜禽粪便资源化率、秸秆综合利用率 100%，全面推广降解塑料和绿色包装材料，基本消除白色污染；旅游景区垃圾无害化处理率达 100%。

2. 控制措施

（1）工业固废。建立全面的、科学的工业固体废物和危险废物环境保护的管理机制，建立危险废物的污染监测、登记管理及风险评价制度；建设溧水工业固废处置中心，实现工业固废收集、运输、贮存、处置的全过程管理；推广清洁生产工艺，减少固体废物，严格控制危险废物的产生量，防止有害因素（元素、生物）的循环积累和反复交叉感染。对废渣产生重点企业进行治理能力提升建设，废渣进行综合利用，用于制砖、制造水泥等建筑材料。

（2）城镇生活垃圾。强化生活垃圾源头管理，在大型住宅、企业、主要繁华街道、机关等地方积极推进生活垃圾的分类收集，控制生活垃圾收集环节的环境污染。积极筹备垃圾处理场、中转站等基础设施建设，提高垃圾无害化处理水平。各镇镇区逐步推行垃圾分类收集系统，经压缩后再转运处理场。垃圾收运至经过选址论证的填埋场，进行填埋处理，并做好垃圾填埋场的防渗、雨水导流等的改造。中远期，逐步完善全县的垃圾分类收集系统，垃圾的分类收集率达到 80%；生活垃圾的处理除卫生填埋之外进行分类回收，逐步形成固体废物资源化产业体系。

（3）农业及农村生活垃圾。对农村生活垃圾进行集中收集、集中处理，实施“村收集、镇中转、县处置”等农村生活垃圾收集处置模式，不断改善农村人居环境。大力提倡秸秆还田，发展秸秆汽化、氨化、青贮、微生物发酵，严禁将秸秆焚烧或抛弃；大力推广农村沼气池，加大循环产业链，推进“猪－沼－果”“猪、鸡－沼－鱼”等特色农业循环经济建设；建设标准化、规模化畜禽养殖场，推广有机畜禽养殖场，并设置隔离带或绿化带，严禁在饮用水源地、人口稠密区及环境敏感区设置畜禽养殖场，并通过沼气化推进畜禽粪便资源化，实现畜禽粪便的无害化处理处置；配套建设有机肥料厂、食用菌培育、生物质能（如沼气）等生态示范工程。

（4）危险性固体废弃物。强化危险废弃物的登记和管理，落实危险废弃物申报登记和收集、运输、贮存、利用、安全处理等措施，实行处置经营许可证和转移报告联系制度。二级以上医疗机构医疗废弃物运送至有资质的单位，进行统一处置，其他运送至镇村医院，收集后及时安全处理。危险废弃物送有资质单位集中收贮处置。对危险区域铀矿实行封闭管理和经营，对饮用水源实施禁用，对危险区域的人员实施转移措施。

五、噪声污染防治

（一）噪声污染状况

县城区4条主干道上布设的9个点的道路交通噪声监测显示，2010年城区路段交通噪声均值为68.6dB，达到4类区标准；“十一五”城区交通噪声各年声级值有部分超过4类区昼间标准，均值较“十五”降低了2.7dB，超标路段比例降低了26.6%。城区区域环境噪声为57.5dB，达到2类区标准；“十一五”期间平均为53.5dB，较“十五”下降了0.9dB。城区各类功能区环境噪声昼间等效声级有部分超标，各类区昼间噪声有部分超标，居民文教区和混合区昼夜噪声略有超标，交通干线两侧区域昼夜间超标仍很严重。

（二）噪声污染控制

1. 控制目标

2020年，县城城区环境噪声控制在55.0dB以内，城区交通干道噪声控制在70.0dB以内，城区环境噪声达标覆盖率按功能区100%达标。

2. 控制措施

（1）做好城区声功能区划工作。随着城市化进程的发展，应不断巩固和扩大噪声控制区的范围。新城区建设过程中，应积极推进声功能区划，重点做好生活区、文教区等的声环境保护与污染源防治工作，合理布局，并与工业区、商业区和交通干道之间留有足够的防护距离，以避免噪声扰民。

（2）控制工业噪声污染。加强工业企业厂界噪声达标工作，工业园区及配套区周边要设置绿化防护带作为缓冲区，利用植物对噪声的散射和吸收作用，促进噪声的衰减，切实做到厂界噪声达标。新上有噪声污染项目时，要合理布局，把噪声对周边环境的影响降低到最低程度。加强建筑施工噪声管理，选用低噪声施工机械，严格执行夜间连续施工申报制度。

（3）采取有效措施减轻交通噪声污染。加快城区道路网的建设和改造，对交通主干道进行绿化防护带和交通消音设施建设，居住小区要考虑绿化降噪和声屏障试点工作；将噪声列入机动车年检的主要内容，限期淘汰噪声高、污染重的车辆；设立机动车禁行区及禁止鸣号区；限制摩托车的发展数量，发展公共交通。

（4）县城禁止高噪声活动。对文化娱乐商业场所噪声进行专项整治，建筑施工要合理安排工期，并采用低噪声施工工艺；在噪声敏感区域，如医院、学校等，严格控制声环境超标，限制高音喇叭、背景音乐、卡拉 OK 等对该区域的影响，确保良好的城镇声环境。

第三节　重点区域生态环境整治

一、低洼圩区防洪减灾建设

（一）防洪排涝工程建设状况

溧水防洪工程体系主要由河湖堤防、撇洪沟、中小型水库、泵站设施组成。建有排涝站 91 座、191 台套、1.09 万 kW，总流量 119.37 m^3/s，受益面积 15.81 万亩；排灌站 42 座、67 台套、0.31 万 kW，总流量 22.2 m^3/s，受益面积 5.42 万亩；兴建水库 79 座，其中中型水库 6 座，小（一）型水库 15 座，小（二）型水库 58 座，总集水面积 296.72 km^2，总库容 1.78 亿 m^3；修筑塘坝 46640 座，总库容 1.45 亿 m^3；整治骨干引排河道 6 条，总长度 114.46 km；加固堤防 300.17 km，其中湖堤 25.73 km，河堤 104.96 km，撇洪沟堤 169.48 km；将 175 座中小型圩子联并成 51 座具有一定防洪除涝能力的圩子，其中万亩大圩有柘塘圩、东大圩、西大圩、战天圩、群英圩。

（二）防洪减灾问题

（1）溧水境内缓丘低岗几乎分布全县，河流基本介于低山丘陵之间，由于部分河段比降大、河势变化剧烈，汛期来临时，洪水源短流急，洪峰极易对河岸及河槽形成严重冲刷。另外，溧水丘陵地区水土流失严重，汛期长江洪水携沙倒灌石臼湖，河道淤积现象普遍。

（2）溧水部分主干河道缺乏挡潮闸，下游洪潮（洪峰与天文大潮）对流域洪水造成顶托，极易造成溧水洪涝灾害。部分现有堤防防洪标准偏低，存在穿堤建筑物及堤身质量差、白蚁危害严重、河道淤积等问题，经常造成支流的洪水险情。

（3）溧水有 79 座中小型水库，大多存在不同程度的病险情况，部分水库大坝高度不足，护砌标准偏低，溢洪闸部件老化，对溧水城乡防洪构成了较大威胁。

（4）溧水近年来经济发展迅速，城市化进程中不合理开发造成地面不透水程度增加，水域面积减少，河湖调蓄能力降低，加之原有排水体系受到破坏，新建排水系统不完善，不能抵御区域大暴雨，造成内涝加重。

（三）防洪减灾目标

（1）中期目标：基本消除河、湖、库堤坝险工隐患，主要行水河道和控制涵闸处于良好运行状态，主要湖泊、水库、河网保持正常的调蓄洪涝设计能力，区域防洪标准达到20年一遇，城市防洪标准达到或超过20年一遇，秦淮河和石臼湖防洪标准达到20年一遇，农田除涝标准达到10年一遇。

（2）远期目标：城镇防洪工程全部建成，防洪标准达到 50 年一遇，除涝标准达到20年一遇，基本建立完善的防洪除涝减灾体系。

（四）防洪减灾重点区域与措施

1. 秦淮河区域

按照省政府审定批准的秦淮河规划逐年分期组织实施整治项目。

一干河：在城防工程规划基础上，进一步实施一干河上段整治工程，解决原一干河整治的遗留问题、在“七五”规划标准基础上提高以后的设防问题以及增加河道行洪能力的问题。

二干河：该河段涉及南京城区及句容、溧水、江宁三地区，针对溧水境内二干河现状，对河道进行全线整治，顺直河道，一次规划，分期实施，建筑物工程配套及堤防标准坚持按高标准建设到位。

三干河：直线开通三干河上游石山—西横山水库溢洪道水道，使行洪断面和堤防标准一次达标，下游疏浚、改造。

中型水库：解决好中山、方便水库已批准的汛限水位线内上游土地淹没的赔偿和居民拆迁安置问题，巩固水库防洪标准，增加蓄水库容，减轻下游河道的防洪压力。同时，建立水库联网调蓄系统，保证城镇生活、生产水源供应。

2. 石臼湖区域

洪蓝集镇防洪：按 20 年一遇标准设计，结合天生桥河整治，提高洪蓝集镇河东、河西防洪堤标准，拆除河堤两旁建筑房屋，建防汛抢险通道 7 km，设集镇防洪墙 6 km，加高培厚河东章堡圩、河西太平圩撇洪沟，增建河东排涝站 1 座，流量 3.0 m^3/s，3 m×4 m 圩口闸 1 座，拆除封堵并重建 0.8 m×1 m 穿堤涵 1 座。远期集镇防洪按 50 年一遇标准设防。

主要通湖河道：新桥河依据湖堤标准对河堤从湖口到陡门圩段进行达标建设；疏浚河道扩大行洪断面；迎水坡用块石衬砌护坡，减小河床糙率，减小河堤冲刷。对沿河老化失修的配套建筑物进行改造重建；河口处建闸以阻挡洪水，缩短防洪战线；采取建设防汛道路、灌浆防渗、白蚁防治、河堤绿化等措施手段进行规划整治。

天生桥河：陈家河经三汊河到洪蓝集镇段建标准堤防，河道进行清淤，扩大河道行洪、引水、通航能力，重建沿河建筑物；天生桥闸上、下游岩石段风化石进行除险加固处理；加高培厚沿河撇洪沟，以及建设防汛道路、沿河堤防绿化等。

石臼湖沿湖区域：提高第一、二期湖堤建设标准，将干砌石坡面改为浆砌石或混凝土护坡；重建、翻建、新建 10 余座涵闸，更新、改造沿湖 18 座排涝站；新建中杨、石场、胜利圩、花溪圩圩口闸；高标准建设堤顶防汛道路；填塘固基，消灭外湖内沟现象，达到堤内坡脚 40m 内无沟塘；进行湖堤灌浆，并全面消灭白蚁危害；充分利用石臼湖水面资源，大力发展水利旅游业；建立石臼湖堤防管理所。

中型水库：充分利用 3 座中型水库蓄水功能，解决上游土地淹没问题，进行除险加固工程建设，巩固水库防洪标准，增加防洪库容，减轻下游河道的行洪压力。

小型水库：充分利用省市加大小型水库除险加固投资的契机，全面实施小型水库除险加固，确保水库安全。

至 2015 年，溧水共实施堤防加固、河道清淤 200 km，整治及重建改建涵、闸坝、站等建筑物 79 座（未含秦淮河水系工程），除险加固中、小型水库 63 座，共 11 类 300 多个子项目；新建、扩建、改造排涝站 18 座（未含秦淮河水系工程），圩田除涝能力大为提高，排涝模数由原来的 0.7 m^3/（s·km^2）增加到 0.8 m^3/（s·km^2）。

二、露采矿山环境综合整治与生态恢复

（一）矿山开采特点

1. 在采的矿山中以非金属矿占主导

溧水在采的矿山中，除 1 处锶矿矿山外，其余全部为建筑用石料、水泥用灰岩和砖瓦用黏土矿山，可见非金属矿产占主导地位。

2. 金属矿山日趋萎缩

爱景山锶矿为仅有的在采金属矿山，年产量也仅 3 万多吨；观山铜矿、金驹山金矿、南山头和东山头锗矿、洪蓝铀矿和溧水铁矿等矿山由于资源枯竭、开采难度大，或出于生态环境保护等原因，已相继关闭。

3. 矿山生态环境的保护与治理已日益受到重视

“十一五”期间，溧水执行省人大的禁采决定，采取强有力的措施，陆续整

治了影响景观、破坏环境的开山采石宕口 20 万 m^2。砖瓦窑业的关闭和整治效果也很明显。

（二）矿山开采带来的问题

（1）景观破碎化。露采矿区的地面与周围绿色景观不协调，对风景区的景观造成极大的破坏，也使生态区的景观更为破碎化、斑块化。

（2）占用土地。尾矿和矿渣占用了大量的土地，被占土地功能丧失。

（3）加剧水土流失。露采矿区在取土、挖砂、采石、采矿的过程中破坏原矿区地形、地貌和植被，造成水土流失加剧。

（4）环境治理及生态恢复难度大。据统计，溧水有大小露天开采宕口百余个，砖瓦用黏土开采点多面广，分布散乱。矿山环境治理因资金（尤其是已经关停的矿山）缺乏等原因难度较大。

（三）矿山管理和生态恢复的目标

溧水年采矿石量控制在 200 万 t 以内；采矿企业控制在 25 家以内，其中开山采石企业控制在 10 家，砖瓦企业保持在 10 家以内。矿山开采回收率、采矿贫化率以及选矿回收率平均提高 5%；资源得到合理开发利用和有效保护。

实施矿山恢复重点治理工程；面上的矿山恢复治理率达 80%，矿区绿化总体达到 80%；主要污染物排放控制在规定的排放指标内；至 2020 年，矿山生态环境得到有效控制和治理。

（四）矿山环境整治与生态恢复任务

1. 在采矿山的生态环境保护

开山采石矿山推行台阶式、平台式开采方式，以及边开采边整治的模式，以减少对生态环境的影响和破坏。对危险性甚大的陡峭宕口，要限期削坡处理，削坡率远期要达到30%以上。矿山、砖窑关闭时要按照矿山恢复治理承诺书的指标要求进行检查落实，场地要基本达到可供利用或可恢复表层土壤、复种植树木的要求。

锶矿既有露采坑，又有地下开采，还有尾矿堆积，对生态环境的影响比较大，应进行重点整治。开工建设的宁杭高速公路二期工程从锶矿的西侧通过，应与生态路建设相协调，做好整治规划，并力争同步进行。

2. 重点区域的矿山生态建设

对重点区域的矿山要有目的、有计划地进行整治、造景、披绿，重点实施爱景山锶矿区环境治理工程，宁杭、宁高及宁常高速公路两侧环境建设工程，老明、常溧公路两侧环境治理工程，无想寺风景区及外围治理工程。

3. 关停矿山生态恢复治理

已关停矿山（含砖瓦窑用地）废弃地要因地制宜加快整治、复绿、复垦、工业建设或综合利用。推广外地砖瓦用黏土矿区复垦与整治经验，实现取土、复垦的“占补平衡”，复垦率要达到90%。

洪蓝的铀矿已关闭多年，有关部门也曾做过残留放射性的调查。现在居民已经将房子建到原采坑的边缘，有一定的危险性。建议尽快进行放射性污染调查，及时将有关情况公布于众，并提出相应的防治措施。

4. 鼓励和培育矿山生态环境治理产业

矿山生态环境治理首先要从单一的环境治理转向环境治理与资源多功能利用相结合，从由政府投资环境治理转向由社会组织和个人投资从事矿山环境治理与开发。鼓励建立矿山环境整治企业，主要从事环境整治与土地复垦等业务，培育矿山环境治理市场，促进矿山环境治理的产业化。

（五）矿山管制区划

根据溧水生态功能分区、矿产资源分布、生产要素配置、相关产业发展的规划，把矿产资源的开发利用划分为禁采区和禁采带（图7-2）、整治修复区、规划开采区三类区域。

1. 禁采区和禁采带

溧水共划定5个禁采区，分别为：

（1）天生桥—胭脂河禁采区，面积 19.59 km^2。

（2）东庐山禁采区，面积 43.09 km^2。

（3）无想寺禁采区，面积 11.84 km^2。

（4）永阳镇禁采区，面积 63.22 km^2。

（5）卧龙湖禁采区，面积 10.34 km^2。

划定5条公路禁采带，分别为：宁杭高速、宁高高速、宁常高速、常溧和老明公路两侧可视范围内。为确保生态网架不受破坏，其经过区域也被规划为禁采带。

城区及开发区、基本农田保护区、风景名胜区、自然保护区等范围内也属于砖瓦用黏土禁采区。

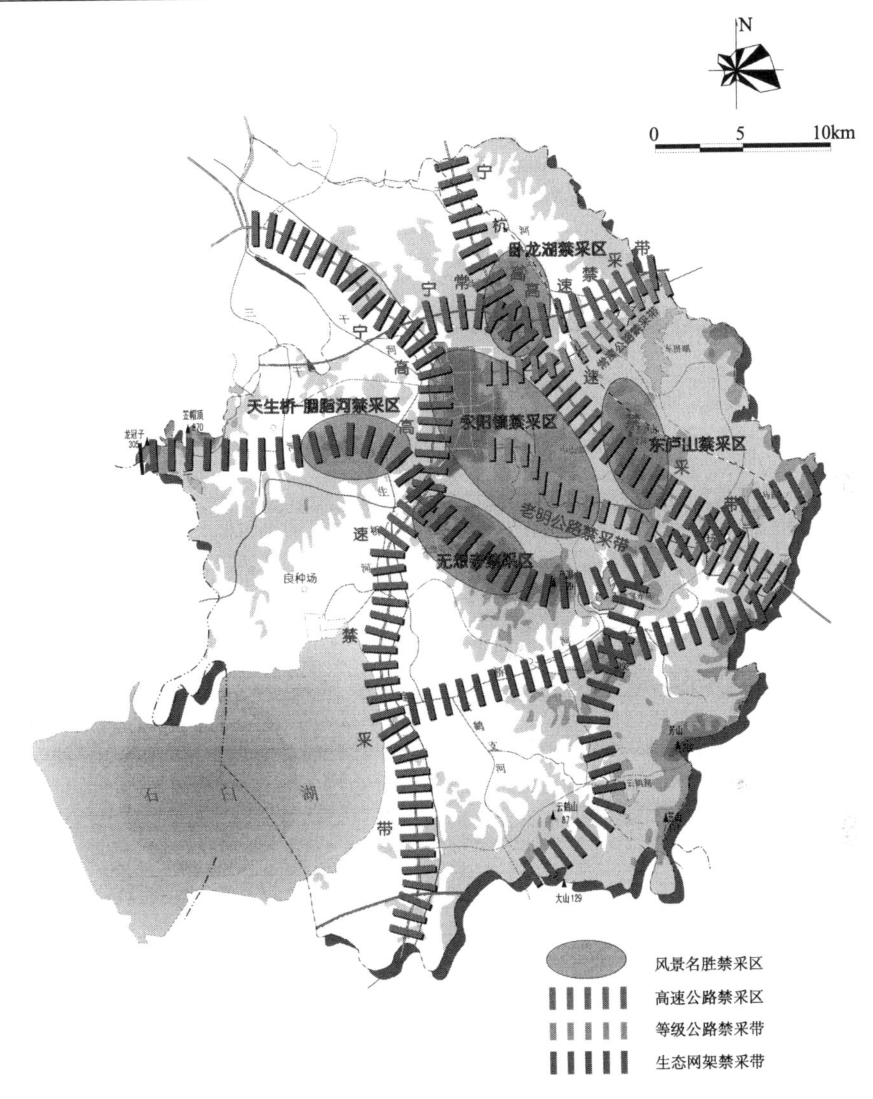

图 7-2　溧水矿产资源禁采区与禁采带

2. 整治修复区

在禁采区、禁采带矿山全部关闭的基础上，对部分严重影响环境，有可能造成地质灾害，或者产生视觉污染的采石宕口进行整治，必要时进行以治理为目的的少量修复性开采，最终目标是达到治理恢复。对确定进行修复整治性开采为目标的宕口要进行论证，并提出整治方案，报省自然资源厅批准，进行限时、限量、修复性开采。

3. 规划开采区

共划定锶矿、水泥用灰岩、建筑用石料 13 个规划开采区。砖瓦窑业现相对比较分散，从长远考虑，远期将规划在岗地荒坡建设 5～6 处大中型空心砖生产基地。

（六）矿山环境整治与生态恢复措施

1. 强化开采空间管理

今后除经省人民政府批准外，不得进入禁止开采区进行采矿活动，不得在禁止开采区内新建矿山。禁止开采区内已有矿山企业必须在限定时间内予以关闭。

限采区内不设新的矿山，现有矿山按要求加快改造。在规划开采区内允许和鼓励企业进行集约化、规模化的采矿活动。

2. 淘汰落后的开采方式

矿山采矿方式和选矿方法必须符合相应的规范要求和批准的矿山设计方案。露采矿山应采用平台式或台阶式开采方式，限制并淘汰落后和浪费资源的开采方法，坚决取缔无安全保障的开采方式。

3. 设置开采规模门槛

新建矿山开采规模必须与矿山占用储量规模相适应，限定矿山最小开采规模，不得大矿小开、一矿多开。

4. 提高资源利用率

应树立节约利用资源的原则，今后新建、扩建和延续开采矿山均必须满足和达到批准的矿山设计或国土资源管理部门提出的开采回采率、选矿回收率、共伴生资源综合利用率、废弃物回收利用的要求。

5. 加强环境保护

新建矿山在矿山设计中应包括矿山环境保护与整治的方案；在采矿山要完善环境保护与整治措施，逐步建立相应的考核制度。开采矿山必须预防矿山地质灾害，遵守和履行矿山环境恢复治理书面承诺并缴纳保证金。

三、石臼湖环境综合整治

（一）石臼湖水污染状况

由表 7-6 所示，2010 年，石臼湖水质介于Ⅲ～Ⅳ类，主要污染指标为化学需氧量、石油类、总磷、总氮等。2010 年石臼湖水质较往年有所好转，同时由于石臼湖水体的自净作用，综合污染指数达到最低值 5.71。虽然水质有明显改善，但晶桥河口和洪蓝河口水质功能依然处于 GB 3838—2002 Ⅲ～Ⅳ类标准间。因此，水质的改善与保护需要溧水、高淳、当涂共同努力。

根据南京市环境监测中心站对溧水石臼湖进行的湖泊生物监测结果（表 7-7），2010 年，石臼湖浮游植物量年平均值为 3.1×10^6 个/L，优势种类以席藻为主；叶绿素 a 含量年均值为 61mg/m^3，按 OECD 湖泊营养状况划分标准，石臼湖属于轻度富营养水平。“十一五”期间，石臼湖的富营养程度未见加深。

（二）影响石臼湖水环境的主要问题

（1）生活污水处理设施十分薄弱，大部分城镇生活污水及所有的农村居民生活污水未经处理直接排入相关水体。

（2）农民大量使用化肥，施肥结构不合理，肥料利用率低，氮磷流失严重。另外，含磷洗衣粉的使用也加剧了湖区水体富营养化。

（3）围网养殖面积扩大，投饵大规模增加。

（4）长期以来，湖体和入湖河道淤积严重，湖内污染物沉积量不断增多。

（5）流域、沿湖地区部分乡镇工业企业超标偷排污水影响较大。

（6）受高淳、安徽当涂等污水排放的影响。

（三）石臼湖水环境治理与恢复的措施

1. 调整产业结构，优化产业布局

调整优化产业结构，大力发展无污染、轻污染的项目，禁止重污染和难以治理的项目上马。区域规划、开发建设等重大决策以及所有建设项目必须严格执行环境影响评价法和环保“三同时”制度，从源头上控制新污染的产生。

2. 推进工业污染源达标排放

加强对乡镇工业污染的控制，按照区划调整后的城镇和村的整体布局以及用地功能规划，促进沿湖镇、村工业集中布局，实施环评和“三同时”制度。对入湖河道及湖口区严格控制工业污染物的排放。

表 7-6　2010 年石臼湖水质监测结果及评价

断面名称	污染指数	监测项目年平均值/（mg/L）								
		溶解氧	化学需氧量	高锰酸盐指数	挥发酚	生化需氧量	石油类	总磷	总氮	氨氮
湖心	5.39	9.3	18	4.0	0.001	2.4	0.04	0.04	0.65	0.227
洪蓝河口	5.75	10.5	23	3.9	0.002	3.2	0.03	0.02	0.95	0.317
晶桥河口	6.40	9.0	22	4.5	0.002	3.3	0.03	0.03	1.12	0.438
湖泊	5.71	9.4	19	4.1	0.002	2.7	0.04	0.03	0.77	0.300
	超标率/%	0.00	0.00	0.00	0.00	0.00	0.00	0.00	0.00	0.00
	浓度范围	7.1～13.2	16～27	3.2～4.9	0.001～0.004	0.8～3.8	0.02～0.16	0.01～0.10	0.31～1.57	0.072～0.918
	单项污染指数	0.53	0.95	0.68	0.40	0.68	0.80	0.60	0.77	0.30
	污染分担率/%	9.28	16.6	11.9	7.01	11.9	14.0	10.5	13.5	5.25
评价标准		≥5	≤20	≤6	≤0.005	≤4	≤0.05	≤0.05	≤1.0	≤1.0

表 7-7　2006～2010 年石臼湖水质生物监测年度统计表

时间	浮游植物					浮游动物					底栖动物				
	种类数	生物密度/（个/L）	优势种名称	优势种占总数/%	指数 d 值	种类数	生物密度/（个/L）	优势种名称	优势种占总数/%	指数 d 值（轮虫）	种类数	生物密度/（个/m²）	优势种名称	优势种占总数/%	指数 BI/%
2006	20	7.4×10^5	鱼腥藻	77	0.98	10	2.5×10^3	原生动物	89	0.72	3	2.6×10^2	粗腹摇蚊	36	64
2007	11	7.8×10^5	舟形藻	35	0.74	10	2.3×10^3	原生动物	96	0.43	6	3.2×10^2	环棱螺	35	70
2008	21	1.9×10^6	席藻	55	0.89	8	3.0×10^3	原生动物	91	0.25	2	38	水丝蚓	84	16
2009	38	2.1×10^6	小环藻	62	—	9	1.8×10^3	原生动物	79	—	5	2.0×10^2	粗腹摇蚊	30	73
2010	80	3.1×10^6	席藻	13	1.69	15	4.8×10^3	原生动物	71	0.41	5	1.5×10^2	环棱螺	46	64

注：d 值指马加莱夫（Margalef）多样性指数，d 为 0 表示严重污染，0~1 表示重度污染，1~2 表示中度污染，2~3 表示轻度污染，＞3 表示清洁环境类型；BI 为 biotic index 的缩写，是根据水体中指示生物的种类、数量及对水污染的敏感性建立的可表示水环境质量的一个数值。

3. 治理乡镇生活污水

目前，石臼湖周边乡镇的生活污水基本上未经处理直接向外排放，计划在石臼湖周边建设乡镇污水处理厂4座，要求全部采用除氮、脱磷处理工艺。

4. 控制农业面源污染

使用硝化抑制剂来抑制硝化作用，控制农业面源氮污染；避免大量施用氮肥，限制氮肥用量；调整肥料施用结构，合理施用磷肥；鼓励施用有机肥，建立高产平衡配套施肥技术示范区，控制农药的使用。

5. 恢复湖体生态

用镶嵌组合植物群落控制饮用水源区藻类和氮污染；在石臼湖入湖口，如新桥河口和洪蓝河口的局部水域等重点湖区进行底泥疏浚，并对污泥进行合理处置和综合利用。适度开展石臼湖湖内清淤，逐步恢复优质水生作物，促进湖内自然资源再生以及水生作物的演变和良性转化。

6. 改善环湖区域及环湖河道生态环境

禁用有磷洗涤剂，通过多种形式的宣传以增强人们使用无磷洗涤剂的意识，生产厂家应改进配方和生产工艺，促进无磷洗衣粉的推广使用。环湖建设绿地，控制面源污染发生量；对湖岸的宾馆、饭店、疗养院、度假村等建设独立的脱氮脱磷处理设施，严禁发展水上旅游项目；选择合适的区域建设垃圾填埋场，对生活垃圾进行集中处理；畜禽养殖废水也应进行相应的处理，达标后排放。

入湖河道生态建设工程是保证远期目标实现的生态修复方面的重要举措，污染控制方面需进一步加强农业面源污染控制工作，在第一阶段的基础上，大面积推广生态农业技术工程，适度施肥，发展节水农业，并使养殖业废渣和农村废弃物得到综合利用和有效控制。继续加大农村生活污水控制，力求污水处理率达到100%。

实行工程措施和生物措施相结合，河道两旁种植多树种混交的绿色廊道，河湖堤的沿岸带植被覆盖率达80%以上；有计划、有步骤地开展退耕还湖、退渔还湖，严禁擅自在石臼湖内圈圩，控制沿湖滩地占用，逐步改善石臼湖水生态系统服务功能，提高生态系统的缓冲能力。

7. 发展生态渔业

注意控制围网养殖面积，养殖水面控制在湖面面积的6%～8%，饵料系数在2.0以内，使之适应石臼湖水环境功能区划的要求。

调整水产养殖结构，不断扩大无公害养殖规模，改进养殖模式。大力推广轮牧式养殖制度，实行轮牧式的养殖，以减少人工饵料的投入。

在调整出的水面中，增殖放养贝类、滤食性鱼类，种植水生植物，以保护水草资源，加快湖区营养物质的转化。同时要加强沿湖专业农民、渔民生产生活垃圾的管理，对这些生产生活垃圾实施资源化与无害化处理。

第八章　村镇生态人居环境建设

第一节　村镇生态人居环境研究

一、村镇生态人居环境内涵

居住环境的概念最早起源于道萨迪亚斯提出的“人居环境科学”的概念（Doxiadis，1970）。人居环境理论最初是以研究建筑方面的居住环境为出发点，考虑人类生活居住的舒适性，并与环境相协调。如今它已经发展为一个广泛的学科，包含生态学、城乡规划学、经济社会学等多方面，并已经渗透到各个层面的居住环境研究中，特别是近年来应用于村镇的相关研究，对村镇居住环境的建设具有指导作用。

目前，学界所研究的人居环境多是指城市、建筑、景观等与人构建的环境，强调人类的主导作用。对于居住环境的定义，大部分的研究都以城市为基础而进行的，且强调以人为主体的空间环境。然而，村镇作为有别于城市的独特系统，其居住环境存在着特殊性。村镇的人居环境发展经历了一系列历史的变迁。从最初为生存的基本需求而群居，到选择不同的生存环境，并改造、控制生存环境而聚居，最终形成邻里关系密切的村镇生活环境。在这个长期发展的过程中，村镇居民渐渐适应了当地的气候和生态环境，也形成了当地的社会文化和独特行为活动。村镇人居环境不但反映人们之间相互的影响与作用，更反映出人与自然环境的互动。

关于人居环境的准确定义，国内外学术界尚未达成共识，这与其包含内容的广泛性不无关系。吴良镛院士在《人居环境科学导论》一书中认为，“人居环境”是人类聚居生活的地方，是与人类生存活动密切相关的地表空间，它是人类在大自然中赖以生存的基地，是人类利用自然、改造自然的主要场所。而“村镇人居环境”是整个“人居环境”系统构成的内容之一，具有共通性，包含以下几个特点：①村镇人居环境的研究以满足“人对居住的需要”为目的；②自然生态环境是村镇人居环境的基础，村镇人居环境的建设是人与自然相联系和作用的一种形式，理想的村镇人居环境就是人与自然的和谐统一；③村镇人居环境建设涵盖广泛，不仅仅体现在建筑、绿地等物质空间层面上，同时包含社会、经济、文化等多方面因素。而“生态人居”的内涵也尚无统一的定义，有学者认为生态人居的标准应是“高效、节能、舒适、美观”（Zhang et al，2005），有学者认为生态人居应寻求自然与建筑间的平衡角度，分不清“哪里是景观的开始，哪里是建筑的结束”（汪孝安和项明，2007），也有学者认为生态人居是可持续发展的人居环境（Ravetz，2000）。

综合以上，村镇生态人居环境的内涵可概括为：村镇生态人居环境是在村镇区域范围内，应用生态学原理和系统工程的优化方法，对人居环境进行优化，降低居住系统对环境的压力，为人们提供一个清洁、美丽、舒适的人居空间，同时满足可持续发展的要求。

二、村镇生态人居环境建设的基本原则

1. 生态优先与以人为本原则

首先应充分体现生态观与可持续发展原则，“以人为本”也是村镇生态人居环境框架体系建立的根本，必须以客观事实为基础，不能主观臆断，以使用人群的客观感受为框架体系建立的基本着眼点。

2. 系统性与科学性原则

村镇生态人居环境建设是一项系统性工程，需要考虑经济社会繁荣发展与生态间的平衡，应充分考虑各子项之间的系统性联系，尽量做到整体把握，宏观统筹。此外，各个子项还应具有目的性和层次性，尽量达到建设框架的全面性。村镇生态人居环境建设应建立在充分分析和研究之上，具有科学严谨性，并且有一定的研究意义和研究规范。

3. 地域性与可操作性原则

村镇单元在我国存在十分广泛，各个地域依托差异的文化显示出强烈的特点。村镇生态人居环境建设应把握住村落的地域特点，因地制宜考虑问题，不论是建筑风格的设计，还是人文环境的延续等方面，都需要展现地域特征，适应地域发展需要。同时，建设框架的建立需要结合案例以及村镇的实际情况，每个子项的设置应充分考虑实施过程的可行性、前瞻性和定量性，不应脱离实际。只有具有可操作性，该研究才能从真正意义上进行指导实施和建设，为村镇生态人居环境的建设提供科学的理论依据。

4. 灵活适应性原则

村镇生态人居环境建设的框架应有一定的灵活性，这样处在不同发展过程中的居住环境，其变化才得以具有一定适应性。应以引导为主，控制为辅，这样才能指导村镇的发展和建设。

三、村镇生态人居环境建设的研究内容

在村镇中，居住建筑用地通常占村镇总用地的 30%～70%，直接影响着村镇的空间形态和村镇的发展。村镇生态人居环境建设的基本任务简而言之就是经济合理地创造一个既符合生态环境保障与发展要求，也满足居民物质和文化生活需要的舒适、方便、卫生、安宁和优美的村镇环境。

村镇生态村建设的内容涵盖村镇自然系统、人类系统、社会系统、居住系统（住宅、村镇及社区设施等）以及支撑系统（基础设施与公共服务设施等）（吴良镛，2001），其中，“人类系统”和“自然系统”是五大系统中的两个基本系统，“居住系统”与“支撑系统”是人工创造与建设的结果，是村镇人居环境的物质基础。本书中研究的生态人居环境建设聚焦于居住系统与支撑系统，即村镇的土地、居住、环境等村镇物质空间环境建设等方面，以及相关的规划设计、政策实施和制度保障等问题，支撑村镇发展的村镇生态人居环境建设主要有以下几个方面的内容。

1. 生态城镇体系建设

以生态学原理、城市规划学理论为指导，结合县城总体规划、县域城镇体系规划，按可持续发展的观点进行城镇规划，使城镇的社会、经济、人口、资源与环境实现协调发展。其内涵包括城镇结构合理、功能协调；保护并高效利用一切自然与能源，产业结构合理，实现清洁生产；采用可持续的消费发展模式；完善的社会设施和基础设施；人工环境与自然环境有机结合，尊重居民的各种文化和生活特性；居民身心健康，有自觉的生态意识和环境道德观念；建立完善的、动态的生态调控治理与决策系统。

2. 城镇与农村生态人居环境建设

在县域范围内，基于城镇（县城）与农村（村镇）居住环境、居住方式、居住形式的差异分析，有针对性的、有区别的进行生态人居环境建设，包括空间布局优化、生态景观建设、居住系统生态化建设等内容，如城镇规模与空间布局规划、生态景观规划、城镇绿地系统规划和生态基础设施建设等。

3. 生态人居环境示范村及乡镇建设

开展生态村建设是我国社会主义新农村建设的一个重要组成部分，是推动农村环保小康行动计划实施的一个重要举措，按照“生产发展、生活宽裕、乡风文明、村容整洁、管理民主”的总体要求，从“清洁家园、清洁田园、清洁水源、清洁能源”四个方面开展生态村建设，它是环境优美乡镇创建的细胞工程，是村

镇生态环境支撑系统建设的基础工程。通过建设生态人居环境示范村及乡镇，建立示范项目，既可看到实施效果，通过实践发现问题从而检验并发展理论，为下一步的建设提供经验，引导更多村镇开展生态人居环境建设，也可促进居民进行转变，引导他们支持甚至参与到本村镇的居住环境建设中来。

以下以溧水为实例，着眼于村镇生态人居环境中的居住系统与支撑系统，综合考虑生态城镇体系建设与居民点的整合，改善区域城镇体系结构；依据农村地区与城镇地区景观与居住形式的差异性，有区别地进行生态景观建设、生态环境优化与居住系统生态化等生态人居环境建设，统筹城乡发展，提升生态文明水平和居民生活质量；推进以生态村、生态乡镇为代表的生态人居环境创优示范工程，营造一个健康、文明、清洁、美丽、舒适的人居环境和生态家园。

第二节　生态城镇体系建设

一、城镇化建设目标与发展措施

“十一五”期间是溧水经济发展最快的时期，也是城镇化最快的时期，城市空间扩张速度最快，城市特色塑造最有成效，生态环境改善最为明显，产业与城镇互动发展效应明显增强的时期。溧水以“富民强县、加快发展”为主题，以道路和重大基础设施建设为重点，以生态环境建设为中心，以创建园林城市、卫生城市为阶段性目标，为溧水建设“充满经济活力、富有文化特色、人居环境优良”的新型城市打下了坚实的基础。至 2010 年，县城建成区面积由 2005 年的 15.8 km^2 增长到近 30 km^2，城区人口也有较快的发展，2010 年溧水城市化率为 45.1%。

中远期目标应以城镇的内涵发展为主，但近期仍以外延发展即量的扩张为主。基本目标是：近期优先发展、集中建设县城，择优培育、重点建设若干能够带动县域经济发展的现代化中心镇；区域联动、互动发展，形成支撑县域经济发展的特色化城镇轴带和具有独特竞争优势的产业集群；以道路、河流绿色通道建设为重点，以农田林网、果树苗木生产基地、城镇园林绿化和农村集中居住区绿化建设为纽带，形成完善的绿色景观体系；以国家级生态乡镇创建为依托，在规划期内逐步发展形成布局合理、等级优化、特色鲜明、功能完善、人与自然和谐的生态型城镇体系。

以城镇化体制创新为突破口，实施积极的城镇发展战略，扩大城市规模，强化溧水作为南京南部中心的重要地位。积极培育和发展片区中心城镇，确保其成为所在片区的发展极核。以县域重点中心镇、工业园区、工业集中区建设为切入点，促进人口和生产要素在区域的合理集聚，改变乡镇工业分散布局的格局，加快农村富余劳动力向非农产业转移，完善农村市场体系，建立新型的城乡关系；

加快小城镇建设，促进乡村人口向城镇转移，尽快提高城镇化水平，力争到2020年溧水城镇化水平达到70%。

二、城镇体系的生态优化

（一）城镇体系特点

（1）城镇发展总体上处于分散状态。溧水城镇分布密度为7.5个/1000 km^2，城镇地域空间分布总体较为稀疏。

（2）县域城镇体系尚未形成鲜明的职能结构。县域主要城镇正在形成各自的职能地位，但城镇间职能分工尚不明确，许多城镇经济结构雷同，缺乏相互间的分工协作与有机联系。

（3）县域城镇体系已形成一定的等级规模序列，但是其相应的规模和职能结构还欠合理。

（4）城镇规模普遍偏小。城镇发展总体水平较低，城镇之间关联较小。大部分城镇还处于农业为主导的经济状况，造成城镇之间相互关联度较小，人口、经济集聚不足，经济基础薄弱。

（5）中心城交通区位优势明显，但经济力量较为薄弱，基础设施水平较差，综合服务功能不强，吸引范围和辐射能力有限，对人流、物流的集聚能力不强。县城永阳镇为县域首位城镇，距南京50 km，距南京禄口机场18 km，三条高速公路从境内穿过，交通发达。但目前经济力量较为薄弱，对人口和劳动力的吸纳能力有限。

（二）城镇体系结构优化方向

（1）优先发展、集中建设县城永阳镇，使其发展成为具有较强带动功能的现代化中等城市，形成县域中心城市。精心规划布局城市发展空间，进一步完善城市框架。采取必要的激励政策措施，引导人流、物流向城区集聚，到2020年把永阳镇建成拥有30万人口、建成区面积达36.59 km^2，产业协调、城市功能齐全、环境优美的现代化城市。

（2）择优培育、重点建设若干重点中心镇，形成若干个能够带动县域发展的现代化中心镇。将农业产业化经营、社会化服务、乡镇工业集中区建设与中心镇建设有机结合，吸引要素集聚，集中发展。到2020年，将白马镇建成3万人左右，以制造业、生态旅游为特色的工业经济重镇；东屏镇建成1.8万人左右，以轻工、机械工业发展及休闲旅游度假为特色的经济重镇；石湫镇建设成4万人左右，全国重要的影视文化和创意基地及以机械制造为特色的综合性新市镇。

（3）区域联动、互补发展，形成一批支撑县域经济发展的特色化一般镇，促进城镇体系的均衡发展。到 2020 年建成 5 个 1 万人左右、各具特色的一般镇，形成以县城为中心，交通干线为骨架，与县域经济发展趋势相适应的结构优化的县域城镇体系。

（三）城镇空间发展规划

溧水城镇空间呈现以县城为核心，以宁高高速公路为县域主要发展轴，以常溧公路和老明公路为县域发展副轴的"一核三轴"空间发展格局（图 8-1）。

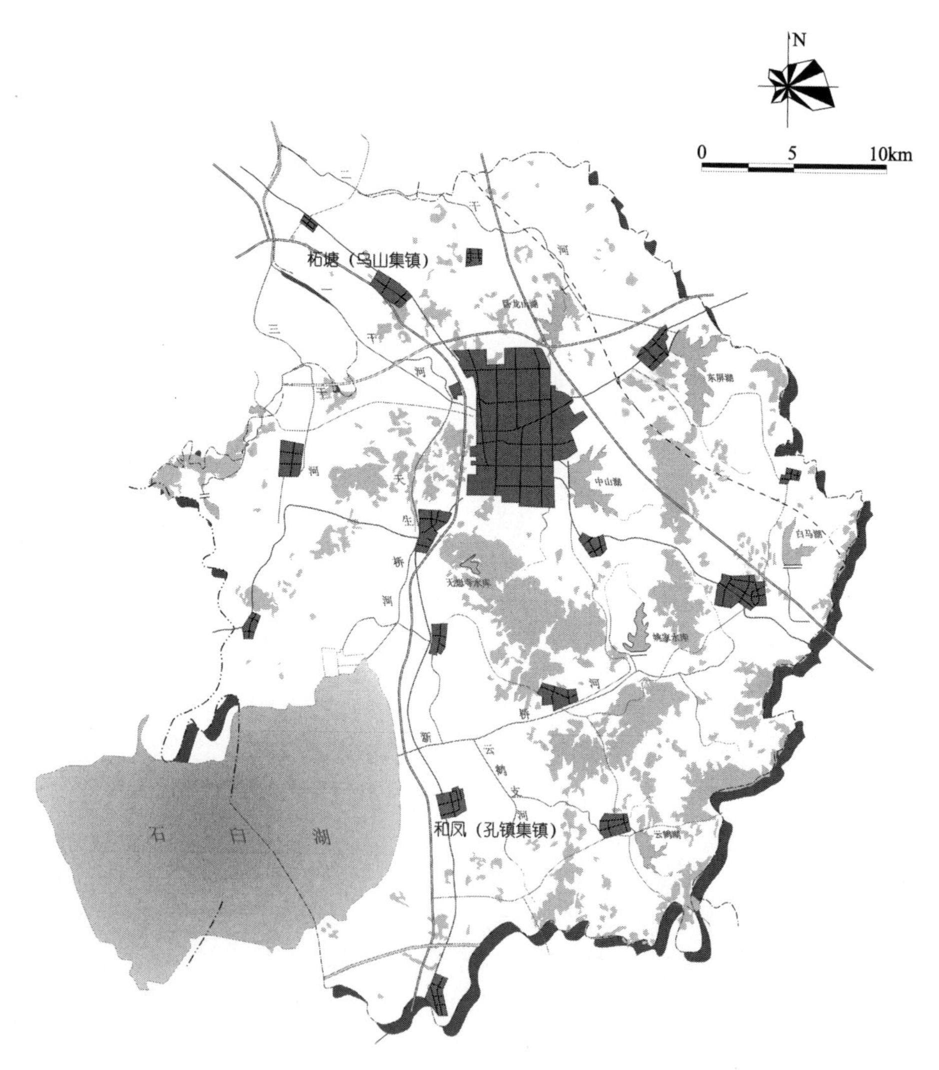

图 8-1　溧水城镇空间发展格局

1. 中心城（县城）

永阳镇是溧水的政治、经济、文化中心，是以秦淮之源风光旅游为特色的中等城市，也是南京市域南部重要的制造业基地。2020 年中期规划建成区面积 36.59 km^2，城市人口规模按 30 万人控制。2010 年城区呈南北长、东西短的态势，城区建设费用较高，应该紧凑发展。其空间拓展方向为：北拓、东扩、南延，引山、引水、引绿。行政中心向南迁移，产业园区向北拓展，居住区向东向南延伸。

2. 中心镇

中心镇是县域内重点发展的城镇，规划确定白马镇、东屏镇、石湫镇为中心镇，要提高中心镇的规划和建设水平，增强综合实力，稳步扩大城镇规模。

白马镇是南京市“三城九镇”建设的重点镇。2020 年，中期规划建成区面积 3.57 km^2，人口规模按 3 万人控制。白马镇是以食品加工、建材、有机农业为特色的示范城镇。发挥宁杭等高速公路交通优势，以绿色农业、观光农业为基础，大力推进农业产业化进程，加快发展农业产业化、现代化服务的加工业、服务业和其他轻型加工业，建成具有一定规模的商贸服务区。

东屏镇 2020 年规划建成区面积 2 km^2，人口规模按 1.8 万人控制。重点以东屏湖为核心，有序开发和合理利用旅游资源，镇区大力发展为旅游服务的工业，东屏湖风景区以休闲、旅游度假为特色的现代旅游业。

石湫镇规划为全国重要的影视文化和文化创意基地，以机械制造业为特色的综合性新市镇。2020 年人口 4 万人，建成区面积 4.25 km^2；2030 年人口 7 万人，建成区面积 8.4 km^2。

3. 一般镇

一般镇包括洪蓝镇、晶桥镇、和凤镇、柘塘镇等四个城镇。

洪蓝镇规划为以农副产品集散和旅游服务配套为主的商贸城镇。2020 年人口 2 万人，城区建设用地 2 km^2，远期把洪蓝镇纳入县城规划区统一考虑。

晶桥镇规划为以工业为主导的现代化城镇。2020 年人口 1.8 万人，建成区面积 2 km^2；2030 年人口 3 万人，建成区为 3.6 km^2。

和凤镇是以石臼湖旅游为特色的城镇、工贸发达的综合性新市镇。石臼湖旅游风景区以垂钓、休闲度假为特色。要大力提高基础设施建设水平，特别要加强区域防洪规划和建设。2020 年人口 1.5 万人，城区面积 1.5 km^2 左右；2030 年城镇人口 3 万人，建设用地约 3.6 km^2。

柘塘镇规划为以空港经济为特色的现代化工业城镇。2020 年人口 1 万人，建成区面积 1 km^2。原乌山乡并入柘塘镇后，保留乌山集镇，2020 年，集镇人口规模控制在3000～3500人，集镇用地30～35 hm^2。

三、城镇功能生态提升

对于县域城镇体系，重点镇和一般镇应以县城和中心镇为中心，围绕经济社会发展近远期目标及城镇总体规划确定的城镇性质与功能定位，并从生态网架构建及生态空间分区管理要求，对城镇功能进行生态提升，确定生态引导模式，促进产业生态转型，控制城镇发展规模和方向。城镇功能的生态提升是构建优良城镇人居环境的有力措施。

1. 县城发展生态调控

永阳镇在南京城市总体规划中定位为“溧水县政治、经济、文化中心，南京南北向发展轴上的新城。作为南京南部工业聚集地，应强化工业经济，大力发展旅游服务等第三产业，提高城市综合实力，建设成为新兴的现代化中等城市”。规划发展成为综合型生态经济城镇，建设以生态型服务业（包括旅游业）、生态型工业以及高新技术产业为主体的产业构架，提高城镇基础设施的生态服务水平（路网、给排水、污水处理、垃圾减量化、资源化、无害化、绿化等），重视人居环境的生态建设，从物质和文化两方面提高居民的生活质量。建成以农、工、商、贸一体化为特色的生态城镇。

2. 其他村镇生态调优

白马镇在南京城市总体规划中定位为“溧水县东南部以发展加工业为主的重点镇”。但是由于处于溧水生态网架北横和南纵的节点位置，对生态网架的形成和发展具有重要意义，因此在本研究中建议应当以生态农业和生态旅游商贸服务业等低污染、低开发强度产业为主导，避免大规模工业集聚与建设。

东屏镇是全省择优培育的重点中心镇，位于生态网架的东纵上面，但处于方便水库的周边，是重要的水源地，应以无污染或轻污染型现代加工业、商贸业和旅游业为主。

晶桥镇处于生态网架南横和东纵的节点附近，因此也不宜发展有污染的企业。但晶桥分布有精细化工园区，因此应该遵照循环经济的理念，对晶桥精细化工园区采取绿色化工为导向，研制开发符合生态要求的新技术及新产品，重点发展特种造纸化学品、新型环保染料涂料、低毒低残留农药、有机硅系列产品等。

石湫镇是以刀具生产为特色的工贸型城镇，位于生态网架的北横上面，境内自然条件优越，物产丰富，是房地产开发的重点区域。未来发展应保持其农业大镇的特色，加快农业结构调整，继续本着结构调优、产品调特、效益调高、规模调大的发展思路，大力发展水稻、三麦、油菜、豆类等农产品，以及苎麻、桑等经济作物的生产，同时重点培育河豚等特种水产品养殖。未来工业发展应以现有刀具业为依托，促进其规模化。

柘塘镇是以空港经济为特色的现代化工业城镇，被秦淮河一、二干河环绕，是溧水制造业基地“一主两翼”之中的一翼，工业基础相对较好，加快工业发展的同时，要不断提高企业准入门槛，引入环境影响较小的行业企业，同时应对服务业发展不足、外资引入不够的问题，积极发展第三产业，大力引进外资。

和凤镇是以石臼湖旅游为特色的城镇。应以生态农业发展为主，继续大力发展无公害种植、水产养殖等特色农业，打造溧水绿色基地。

洪蓝镇被围绕于四条生态网架之间，是江苏省百家名镇之一，境内环境优美，有风光秀丽的无想寺和天生桥旅游风景区。应继续发挥自然资源优势，积极发展休闲农业和旅游业，推进农业标准化生产。同时加强对傅家边的环境整治，争创江苏省“百佳生态村”。

第三节　城镇生态人居环境建设

针对溧水县城的生态人居环境建设，主要通过利用景观生态规划，提高县城生态功能。重点进行城市绿地系统建设，发挥其在改善城市环境质量、维护城市生态平衡、美化城市景观等方面的重要作用，通过城市水系、干道、公园和绿化广场的规划建设，加快城市能流、物流、信息流，将溧水建设成为生态功能健康、环境舒适、景观优美、富有特色形象的生态型城市，创造适宜的人居环境。

一、生态景观建设

（一）建设目标

以环绕城区周边的五片风景区为依托，城区水系、道路与风景区相沟通，自然景观与人文景观相呼应，营造“二带、二中心、三轴线、五景区”的空间景观系列（图 8-2）。保持地区传统的城市风貌，营造中小城市亲切、舒适的氛围和适居性，塑造“河城相融”的景观特色。

（二）建设任务

1. 建设“二带”——以秦淮河及中山河为主体的滨河景观带

以重点地段的景点建设为突破口，对滨河道路的路面、铺装、驳岸、绿化、灯饰、小品以及建筑等多个方面进行系统性改造，带动两岸沿线的美化、绿化、亮化。其中，秦淮河沿岸应以建筑等硬质景观为主，中山河沿岸则以绿化、小品等软质景观为主，软硬结合，使其成为环绕中心城区的综合景观走廊和良好的生态环境走廊。

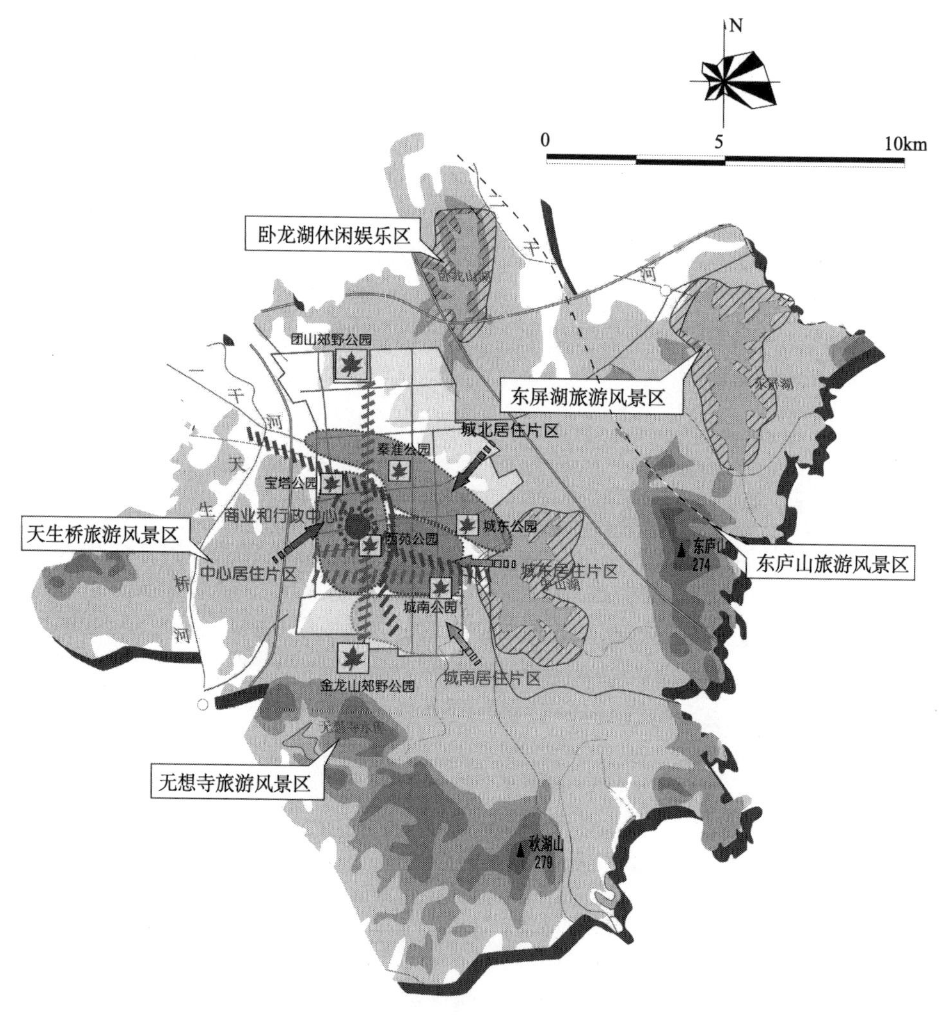

图 8-2　溧水景观生态建设示意图

2. 建设“二中心”——以商业中心和行政中心为主体的城市中心景观

县城传统商业街区采用街坊布局模式，与秦淮河滨河绿地及市民广场结合，突出滨河自然风光，创造市民“家园感”和心理认同的归宿感。结合通济街商业广场的建设，从整体上使之成为一个由街道开放空间和沿街建筑物构成的完整步行体系，使之成为具有复合功能、地域风貌与艺术特色等集中表现的场所，形成城区丰富多彩、富有人情味的商业游憩街廊。

3. 建设“三轴线”——通济步行商业街、珍珠路景观大道、中山路景观大道

通济商业街形成商业建筑宜人的商业游览轴线；珍珠路和中山路景观大道依托道路两侧控制绿化带，配置各种植物和草坪，形成富有特色的城市绿化轴线。

4. 建设城区周边五大风景旅游区

建设西侧天生桥旅游风景区、南部无想寺旅游风景区、北部卧龙湖休闲娱乐区、东部东庐山旅游风景区（包括中山水库风景区）和东屏湖旅游风景区。

二、绿地系统规划建设

（一）绿地系统建设与问题

至2009年底，园林绿地面积达159 hm^2，公共绿地面积为747 hm^2，人均公共绿地面积为12.42 m^2，建成区绿化覆盖率为40.79%。

县城区绿地建设存在的主要问题为：城区绿化布点还没有形成点、线、面结合的统一整体，城区中的秦淮河、中山河等滨河绿化还没有达到一定规模，局部绿化质量较差；人均绿地面积、绿化率、绿化覆盖率均偏低；城区内公园、街头休闲广场、花园绿地少，缺少“绿点”和“绿面”；企事业单位和一些居住区的绿地指标偏低，生产用地数量不足等。

（二）绿地系统建设目标

远期规划县城绿地425 hm^2左右，约占县城建设用地的11.62%，人均15 m^2左右，其中公共绿地267 hm^2左右，人均9.57 m^2左右。新建居住区绿地率不低于35%，人均公共绿地不少于2 m^2；旧城改造绿地率不低于30%，人均公共绿地不少于1.5 m^2。生产绿地占建成区3%左右。城区绿地率达到35%，绿化覆盖率不低于42%。

（三）绿地系统总体结构

为突出山水城市风貌，在城区外围结合城西干道、纬二路、城郊三号路、城南路围合而成的绿色空间体系形成绿化景观外环；在中心城区以交通路、中山路、毓秀路、秦淮路围合而成的绿色空间体系形成景观内环；结合珍珠路、中山路等城市景观路，构成溧水城区独特的“二环二轴”城市绿化景观。同时在城区中形成连续的城市公园体系，利用分布在溧水城中的秦淮河、中山河特有的滨水绿化景观串联郊野公园、城区公园、居住区公园、街头绿地、绿化广场，沿秦淮河、中山河两条滨水绿化景观带形成“绿轴”并向西、向东延伸至天生桥风景区和中

山水库风景区，将城区外围绿色空间引入城区。构成以宝塔公园、秦淮公园为主体，道路滨河绿地为骨架，井然有序的城区绿地系统，从而构筑青山绿水环绕、内外空间交融、生态环境良好的绿化空间布局结构。

（四）绿地系统建设措施

1. 绿地建设

对现有的、初具规模的公共绿地进行改造、扩建，完善其功能设施，建成主题鲜明且有地方特色的街头绿地。在秦淮河、中山河沿河两侧各设置5～30 m的绿带，加强河道与绿化的密切配合，形成以秦淮河及中山河为主体的开敞绿色滨水空间。规划宁高高速公路、宁杭高速公路两侧建设50 m左右的防护绿地，在宁宜城际铁路（南京—安庆）两侧控制50～100 m的防护绿地；在珍珠路工业区段、秦淮路工业区段、城西干道工业区段两侧设置30 m的防护绿地；在变电站、水厂、污水处理厂、工业用地与居住用地隔离的地段，视情况设置10～30 m的防护绿地。在工业区出入口等核心位置，结合公共建筑开辟1～2 hm^2小绿地，改善工业区的生态环境，提高工业区的品位。把城南的苗圃转换成公共绿地，在城区西北部秦淮河北岸、城东南中山河两岸设置园林生产绿地，为城市提供花卉苗木。

工业、商业、金融、仓储、交通枢纽、市政公共设施等单位，绿地率不低于20%，居住区绿地率不低于30%，行政机关机构、文化、医疗卫生、体育、教育科研、高科技工业等单位绿地率不低于35%，有污染的工业、企业单位绿地率应达到30%，并沿周边设置宽度不低于30 m的防护绿带。主干道绿化面积不少于道路总面积的30%，次干道绿化面积不少于道路面积的25%。

2. 公园建设

通过公园建设，实现城市居民出行2 km以内可以到达城市公园，500 m以内可以到达居住区公园，300 m以内可以到达小区公园。

建设面积5～15 hm^2的县级公园，包括宝塔公园和秦淮公园。宝塔公园依托宝塔建设成为历史遗迹风貌公园；秦淮公园在城北中山河两侧结合军垦农场的部分用地，建设成为具有溧水特色的民俗公园。

建设西苑公园、城东公园、城南公园等居住区级公园。西苑公园位于城市中心，规划建设为综合性公园，以满足老城区居民健身、休闲活动的需要；城东公园位于城郊三号路以东、青年路以北，结合滨水区建设，以满足居民娱乐、健身、休闲活动的需要；城南公园位于金蛙路与薛李路交汇处，以满足城南居民娱乐、健身、休闲活动的需要。

在各居住小区结合小区中心建设不小于0.4 hm^2的小区公园。

三、生态社区建设

（一）住区体系优化

溧水县城居民住宅散布于城区各处，大致可以分为农村住宅、老城区住宅、多层住宅和独立式住宅四类。农村住宅区主要分布于县城周边城郊接合部，缺乏完善的道路系统和公共配套设施，居民生活不便，居住环境较差；老城区住宅主要分布于中山河以内、花园路以北、城西干道以东范围内，住宅用地和其他用地性质混杂，住宅建筑破旧，缺乏公共绿地，基础设施配套不全；多层住宅主要分布于老城区的周边小区，多为新开发建设的住宅小区，基础设施、公共配套较为齐全，内部环境较好；独立式住宅主要分布于县城东部、西部新开发建设的区块，建筑质量较好，基础设施配套完善。按照生态人居建设以及绿色社区建设的新要求，规划县城居住用地 922 hm^2，重点建设四大居住片区：

（1）中心居住片区：位于中山河以南、以西，城西干道以东、花园路以北地区，可容纳人口 5.6 万人。中心居住片区中的居住用地大多数在老城区内，应结合旧城改造、道路拓宽等进行统一规划，对老城区进行有机更新，实施退二进三，适度控制开发强度，降低建筑密度，增加公共绿地，改善居住环境。

（2）城东居住片区：位于中山河以东，交通路以南。可容纳居住人口 9.1 万人。秦淮路以东地区除少量农村居民点外，以农田为主，且临近中山水库，周边环境质量好。规划建设以多层为主的住宅，滨水地区建设以低层独立住宅为主，强化环境保护，加强基础配套设施，建设新型居住小区。

（3）城北居住片区：位于中山河以北，可容纳居住人口 6.1 万人。该片区为溧水经济开发区配套的居住社区，规划以建设现代化居住社区为目标，配套商业服务设施、公园、中小学等各项设施，按照新型社区的规划理念进行统一设计。

（4）城南居住区：位于花园路以南，该片区为中心居住片区向南的有机延伸。住宅以多层为主，沿丘陵及河流地区可适当布置低层独立式住宅。该居住区可容纳居住人口 9.2 万人。结合公共设施、绿化及部分市政设施的改造，改善居住环境，营造良好人居环境。

（二）生态社区建设措施

1. 发展生态住宅

合理配置不同档次的住房，有序发展房地产业，满足社会各个阶层需求。大力采用环境友好的建筑材料和节水节能的建筑技术，开展生态设计，实施生态住宅、生态公共建筑试点工程，按照生态住宅标准，建设与本地区自然山水风光相协调的生态住宅，推动生态建筑建设。

2. 建设优美的社区自然环境

从社区所在地区及周围的环境出发，充分挖掘和利用自然环境特征，使新社区与其所处的自然环境融为一体；同时也要因地制宜地对社区环境进行改造，主要包括水体和绿化系统建设两个方面。在水体建设方面，主要充分发挥社区内水域净化空气、调节温度、改善小气候等生态功能，营造丰富多彩的水景观，满足人们亲水的需要；在绿化系统建设方面，严格控制社区容积率，提高绿地率，在社区绿化设计中将宅旁绿地与公共绿地有机结合，提高社区植物配置的丰富度，增加物种的多样性与生态稳定性，垂直绿化与水平绿化并举，确保草地、树林、水面、硬质景观尺度的宜人性。

3. 建设完善的社区基础设施

主要包括社区的交通网络、给排水系统、电力照明系统、垃圾分类系统、通信系统以及其他配套设施。生态社区的交通网络建设要以便利、快速、美化为原则，同时也要考虑紧急事务的需要，建立人车分流的道路系统。对于垃圾处理系统，建议溧水县城及两个重点中心镇在规划期内实现完全的分类收集，提高垃圾综合利用率和处置率。

4. 建设良好的社区公共活动空间

社区公共活动空间是居民的身心栖息场所，良好的社区公共活动空间有助于居民的交流和身心健康。加强社区内休闲广场、绿地、游园、健身场所等公共活动空间的建设，为居民提供人际交往的户外活动场所。

第四节　农村生态人居环境建设

一、村落空间布局的生态引导

东庐山、双尖山及周围地区、石臼湖与方便水库等区域属于生态敏感与禁止开发区域，应该加以严格保护。该地区的村镇应该发展旅游业、生态农业、观光农业、林业等产业；禁止新建住房，只能修缮维护住房，分布在敏感区内的村庄可以考虑适当撤并，鼓励和引导在平原地区建房或者迁移到中心村、集镇，积极促使山区内零星的居民点自发集聚，从而降低林地斑块或其他自然地域的破碎度，促进生物多样性发展。

生态网架边缘及严格保护区以外的林地，以及高度在 100～200 m，坡度在

15°～25°的平、缓、高黄土岗地和丘陵坡麓地带为一般保护地区。城区周围地区的村镇属于生态脆弱、需要修复的区域，其开发建设主要目的为分担城区压力，发展过程中应注意保护生态廊道的连通度，避免走城区高密度开发的后路。

县域大部分村镇属于生态维持、可以适度开发的区域。在这些区域内，可以进行适度的工业、农业及城镇建设，但应以不造成水土流失等生态后果为前提。西部及沿湖的四周地区村镇，包括石湫镇、晶桥镇等地区的村落，属于农业发展区域，应控制农村宅基地规模，防止侵占农田；同时正确引导村镇集中发展，提高土地利用效率，避免大规模污染性产业的发展。

二、农村居民点生态整合

通过组合布局分散的自然村庄，重新确定自然村庄布点，统筹安排各类公共设施和基础设施，对现有设施进行清理与重建，合理布局农业生产空间，保护生态特色文化与生态空间，实现对农村居民点的生态改造，重点对位于生态网架及其周边地区的农村居民点进行生态整合（表 8-1）。

表 8-1 位于生态网架的村落

项目	东部一纵	西部二纵	中部一横	南部二横
长×宽/（km×km）	65×5	55×5	75×5	46×5
面积/km^2	325	275	375	230
村落数量	26	19	22	13
村落名称	太尉庄、信西村、群力村、蒲杆、连屋塘、西姜巷、汗塘、芦家边、新队、王家山、北山底、吕家山、贺家、张家山村、周家山、于巷、新山里、尤村、枫香岭、傅家边村、杭村、汤村、岗下、竹窠里、张千户、云鹤山	塘下坞、乌山、陈家山、戴家村、宋家村、李在凤、天生桥、毛家村、仓口村、陈家、塘埂村、马家庙、后许家、西刘家、骆山村、山北史家、诸家、金坑圩村、孙家巷村	朱村、詹家、官塘、山口、山南、长冲、上竹山、北庄头、官庄、石巷村、桑园蒲村、无想寺村、毛家山、上凹、韦家大村、段家山、涧屋、北庄头、袁村、北城、新塘、朱家边	沙岗、水晶村、韩家圩、马村、石山下、里佳山村、朱岗、李巷村、炮铺、曹家桥村、张家岗、杜巷村、杨塘

三、农村环境综合整治

1. 完善农村基础设施

根据居民点规模，合理布局农村道路，道路硬化率达 100%；提高农村自来水普及率，村庄自来水入户率达 100%；有序架设供电、电信、有线电视、广播等线路，确保村庄内电力线路安全；配套完善农村公共服务设施，满足农民日常生活需求；充分利用本地乡土树种进行道路、河道两侧、宅前屋后和庭院的绿化，使村庄绿化率达到35%以上。

2. 治理农村固体垃圾污染

按照组保洁、村收集、镇转运、县处理的垃圾处理模式，使垃圾处理率达到90%以上；完善固体垃圾回收体系，配备专职保洁员，新建3000个垃圾屋。促进农用薄膜回收，禁止排放未经无害化处理的粪便，动物的粪便一律在养殖场或养殖小区指定区域存放，配备专门的粪便储存处理设施。稳步推广秸秆气化集中供气技术，大力推广秸秆全量还田与秸秆青贮氨化技术，实现其应用率达98%以上。

3. 保护农村区域地表水环境

做到按“三个集中”要求，科学合理布局，引导镇村工业向开发区和工业小区集中，认真执行环境影响评价及环保“三同时”制度，彻底清理“十五小”，严厉查处违法排污行为。减少化肥施用量，生物防治病虫害，禁用或者少用高污染、高残留的农药。做到禁止直接排放生活污水、倾倒垃圾粪便等进入河塘。村庄河塘全部清淤一次，改造完善水利设施，保持水体流动，使水质基本达到功能区要求。

4. 改善农村村容村貌

按照村庄环境整治“六整治、六提升”的目标要求，切实做好农村环境整治工作。通过改水改厕、硬化、亮化、净化、绿化、美化、推广沼气等硬件的建设，营造清洁、卫生、优美的人居环境。农民房前屋后、农田路沟渠充分利用空间进行绿化。新建、翻建住房的农户都100%建设卫生户厕，并对老住房户厕进行改造。加强村容村貌管理，对乱搭乱建、乱堆乱放、乱贴乱画进行清理整改，确保村庄内道路通畅，房前屋后整洁。紧紧围绕农村废物资源化、农村生产生活清洁化、城乡环保一体化、村庄建设与发展生态环境综合整治，大力推广发展以沼气工程建设为纽带的循环农业网络，改善农村生态环境质量。

5. 实施农村生态环境示范工程

开展农村饮用水源地保护及生态修复小康示范工程建设、农村生活垃圾及农业废弃物等固体废物引起的面源污染及生态修复小康示范工程建设，以及农村生态环境敏感区生态治理与修复小康示范工程建设，重点解决由工业、农业废弃物和农用化学品及人畜粪便等造成的农村水污染问题和农村脏、乱、差问题。

6. 防治土壤污染

因地制宜发展有机农业，调整优化农业结构，推广农作物病虫害综合防治技术，推广高效、低毒、低残留农药，尤其是生物农药，严格控制高毒、高残留农药的使用，鼓励农户积极使用有机肥，减少化肥的使用，大力发展有机食品、绿色食品和无公害食品。研究制定溧水土壤综合利用规划和重金属、有机毒物、非金属无机毒物和生物对土壤污染的防治和修复技术、政策措施和方案，开展有效的土壤修复工程试点工作，全面推广测土配方施肥工作。

第五节　生态人居环境创优示范建设

一、生态乡镇建设

生态乡镇作为实现生态县的重要载体，成为改善小城镇人居环境、提高居民物质生活与精神生活水平的重要举措。生态乡镇的考核有国家级、江苏省级和南京市级三级指标，三套指标均囊括了环境质量、环境污染防治、生态保护与建设等方面，但在指标选择及指标值的确定上体现了不同的要求；另外，生态县建设标准中关于城镇建设的个别指标与生态乡镇相同，但要求更高。各级生态乡镇及生态县的考核指标见表 8-2。

（一）生态乡镇建设目标

溧水辖永阳镇、东屏镇、白马镇、洪蓝镇、和凤镇、石湫镇、晶桥镇、柘塘镇 8 个镇。永阳镇已于 2010 年通过国家级生态乡镇省级考核，其余 7 个乡镇于 2011 年通过国家级生态乡镇省级考核验收。应坚持以科学发展观为指导，注重环境与经济、社会协调发展，加强各镇环境建设，同时使其达到布局合理，管理有序，街道整洁，环境优美，城镇建设与周围环境相协调等江苏省生态乡镇的要求，稳定有序地推动国家级生态乡镇建设。

（二）生态乡镇建设的主要措施

1. 促进各镇产业生态化

结合各镇资源环境条件设计生态产业，制订符合生态要求的产业政策，大力发展科技先导型、资源节约型、质量效益型产业，积极推广清洁生产技术，严格控制环境污染型和生态破坏型产业的发展。

2. 完善乡镇基础设施

以便利、快速、美化为原则，设计镇区的道路网络，建设城镇广场、市民公园、开放式健身场地等居民休闲娱乐场所，精心配置住宅、道路、绿化、公共建

表 8-2　各级生态乡镇及生态县的考核指标

类别	序号	指标名称和单位	国家	江苏省	南京市	生态县
环境质量	1	集中式饮用水水源地水质达标率/%	100	≥95	——	100
		农村饮用水卫生合格率/%	100	≥95	≥90	100
	2	地表水环境质量	达到环境功能区或环境规划要求	基本达到环境规划要求	达到环境规划要求	达到功能区标准
		空气环境质量				
		声环境质量		——		
环境污染防治	3	建成区生活污水处理率/%	≥80	≥50	≥50	≥80
		开展生活污水处理的行政村比例/%	≥70	——	——	——
	4	建成区生活垃圾无害化处理率/%	≥95	≥90	≥90	≥90
		开展生活垃圾资源化利用的行政村比例/%	≥90	——	——	——
	5	重点工业污染源排放达标率/%	100	100	100	——
	6	饮食业油烟达标排放率/%	≥95	——	——	——
	7	规模化畜禽养殖场粪便综合利用率/%	≥95	≥90	≥90	≥95
	8	农作物秸秆综合利用率/%	≥95	≥90	≥95	≥95
	9	农村卫生厕所普及率/%	≥95	——	——	≥95
	10	农用化肥施用强度[折纯，kg/(hm^2·a)]	<250	——	≤280	<250
		农药施用强度[折纯，kg/(hm^2·a)]	<3.0	——	≤3.0	——
生态保护与建设	11	使用清洁能源的居民户数比例/%	≥50	≥60	≥60	≥50
	12	人均公共绿地面积/(m^2/人)	≥12	≥7	≥8	≥12
	13	主要道路绿化普及率/%	≥95	≥95	≥95	——
	14	森林覆盖率/%	≥18	≥10	——	≥18
	15	主要农产品中有机、绿色及无公害产品种植（养殖）面积的比重	≥60	≥50	——	≥60

筑等的布局，完善供水系统，对现有8个镇水厂进行扩建、增容和管路改建，增加供水量，提高镇村供水覆盖率和自来水到户普及率，确保城乡饮用水源水质100%达标。完善城乡电力、邮电通信、金融商贸、文化教育、医疗卫生、体育等配套设施建设，构建多中心、多元化、网络型的城乡公共服务体系。

3. 加强镇区绿化

在保护现有绿地的基础上加强绿化建设。在主要街道节点设置广场、公园绿地；主要河流两侧建设防护绿地；城区道路加强行道树建设，有条件的道路可建设成林荫道；公路两侧建设绿化带；居民区、单位加强绿地建设，居民区与工业区之间建设绿化隔离带。通过以上措施，使各镇镇区人均公共绿地达到25 m^2以上。

4. 严格控制环境污染

通过扩大污水收集管网覆盖范围，提高生活污水集中处理率，远期采用雨污分流方式提高水资源利用率；严格控制镇区工业污水未经处理直接排放；提高生活垃圾处理率，远期可采用垃圾分类收集及堆肥、焚烧等多种处理方式，实现固体废弃物资源化。

（三）生态乡镇建设的保障措施

1. 营造良好的创建氛围

生态乡镇建设针对的是县城及以下的各级小城镇，而小城镇的经济实力往往不如大城市，在环保基础设施投入上相对较少。因此，生态乡镇的顺利创建，一要严格执行国家环境管理相关制度，控制污染物排放；二是加强全民环保教育，确立健全的公众参与机制，营造良好的舆论监督氛围；三要建立有效的资金保障制度，为生态乡镇建设提供经济保障。

2. 严格执行环境管理相关制度

控制污染物排放，对于可能有污染的建设项目，坚持“先评价，后建设”的原则，凡需配置环保设施的项目，无论其规模大小，必须坚持主体工程与环保设施同时设计、同时施工、同时投产；另外，对污染物排放已超标、造成较大环境破坏的企业，要采取严格的措施进行处理；环保部门要对企业进行定期考核，明确企业环保职责。

3. 加强宣传教育，增强群众参与能力

通过各种形式与方法加强宣传与教育，使广大干部与群众认识到保护生态环

境和营造舒适、优美、安全的人居环境的重要性。宣传教育的重点是决策层以及企业领导，分期分批进行培训，逐步提高党政领导协调生态环境与经济发展的综合决策水平，让企业领导在生产过程中清晰地了解自身应承担的生态环境义务。

4. 建立有效的资金保障制度，多渠道拓宽资金来源

一是将生态乡镇的各项基础设施建设项目与工程纳入镇经济发展计划，在城镇建设投资中提高环境保护治理资金的比例；二是理顺与拓宽环保资金渠道，按照“污染者负担”的原则，发挥企业作为工业污染防治投资主体的作用。

二、生态村建设

生态村有省级和市级两套标准，均包括基本条件和考核指标两部分（考核指标见表 8-3）。

表 8-3　省级及市级生态村建设指标体系

序号	指标名称和单位	南京市标准	江苏省标准
1	自来水入户率/%	≥95	≥98
2	垃圾收集、运转处理率/%	——	100
3	地表水环境质量	达III类水质或环境功能要求	达III类水质或环境功能要求
4	无公害、绿色、有机农产品占农田面积/%	——	≥80
5	村庄绿化覆盖率/%	≥30	≥30
6	秸秆综合利用率/%	——	≥90
7	卫生厕所普及率/%	≥90	≥90
8	畜禽粪便综合利用率/%	≥90	≥90
9	工业污染源治理达标率/%	100	100
10	可再生能源入户率/%	——	≥10
11	村民人均纯收入/[元/（人·a）]	≥8000	——
12	饮用水卫生合格率/%	≥99	——
13	生活污水处理率/%	≥50	——
14	清洁能源普及率/%	≥90	——

（一）生态村建设目标

2010 年，溧水共有行政村 91 个，其中共建成省市级生态村 35 个。配合溧水村镇生态环境支撑系统建设，2020 年将 80%的行政村建成生态村。

（二）生态村建设的主要措施

1. 处理生活污水、减少无组织排放

因地制宜，利用天然沟塘收集生活污水，通过控制停留时间和种植水草，达到水质净化的目的，也可通过沼气池消化作用，降低污染物浓度，从而减少对环境的危害。

2. 生活垃圾集中收集、填埋

在解决城镇生活垃圾集中收运的同时，也对农村生活垃圾进行集中收集、集中处理，结合农村“六清六建”[①]活动，逐步实施“村收集、镇中转、县处置”等农村生活垃圾处置模式，不断改善农村人居环境。

3. 农作物秸秆综合利用

溧水农作物秸秆综合利用率目前已经达到较高水平，主要用作食用菌栽培的基质。随着食用菌栽培规模逐年上升，秸秆综合利用率会有所上升。同时，还应拓展多种渠道，进一步挖掘农作物秸秆的经济效益。

4. 化肥减量化

实施科学施肥、平衡施肥，减少化学肥料投入量，通过给有机肥用户适当补贴等措施，鼓励农户积极使用有机肥，减少化肥的使用；扶持有机肥生产企业，开发生产优质或专用复合肥料，提高有机肥使用率。

5. 农药减量化

推广农作物病虫害综合防治技术，推广高效、低毒、低残留农药，尤其是生物农药，严格控制高毒、高残留农药的使用，引进农作物抗病虫新品种、新技术和防虫新设施。严格执行《南京市蔬菜使用农药管理规定》和《南京市人民政府关于禁止销售和使用高毒、高残留农药的通告》，禁止相关部门和经营者销售或使用高毒、高残留农药及其混配剂；鼓励开发生产生物农药，制定税收等优惠政策扶持相应的生产厂商；农业主管部门负责向农药经营者、使用者推荐安全、高效、低毒、低残留的农药品种，并负责技术培训及防治指导；引进或开发农作物抗病虫新品种、新技术和防虫新设施。

---

① “六清六建”内容：1. 清理垃圾，建立垃圾管理制度；2. 清理粪便，建立人畜粪便管理制度；3.清理秸秆，建立秸秆综合利用制度；4. 清理河道，建立水面管护制度；5.清理工业污染源，建立稳定达标制度；6.清理乱搭乱建，建立村庄容貌管理制度。

6. 农用塑料薄膜的回收与综合利用

农膜过度使用使白色污染不断加重，政府应在政策上给予适当优惠，鼓励回收处理废旧塑料薄膜造粒新设备的使用，确保到2020年溧水农用塑料薄膜回收与综合利用率达到95%以上，2030年达到100%。

（三）生态村建设的保障措施

1. 加强区域性基础设施与农田基础设施工程建设

生态村的建设建立在区域性基础设施完善的前提条件下。首先，必须加强区域供水管网基础设施建设，提高农村自来水普及率；其次，加强防洪抗旱农业基础设施，溧水重点建设秦淮河和石臼湖圩区的防洪排涝工程和丘陵山区的抗旱灌溉工程，确保农业生产安全顺利进行；另外，需加快农业综合开发，实施小流域治理和中低产田改造工程，提高农业生产力。

2. 推进生态农业产业化经营，振兴农村经济

生态村的各项建设必须以一定的经济基础为依托，要实现农村经济的腾飞，必须改变传统的粗放型农业生产模式，以生态技术与生态管理和运营体制为支撑，因地制宜建设与发展优质、高效的生态种植业、养殖业；以市场为导向，建立一批无公害、绿色有机农产品和水产品生产、加工基地。以生态农业的产业化与规模化优势营造溧水农业经济的增长点，推动农村经济的振兴，为生态村在全县范围内普及提供经济保障。

3. 加强宣传教育，提高群众生态意识

生态村的建设是一个全民参与的过程，在这个过程中农民的意识观念起着决定性的作用，健康、生态的环境观能够促使农民积极改善自身所处居住条件，更加自觉地投入生态村的建设之中，因而是生态村建设与维持的根本保障。针对目前农民生态环境意识普遍薄弱的情况，有必要加强宣传教育，通过邀请专业人员下乡举办环保讲座，定期举行寓教于乐的与环保、生态相关的文艺演出，逐步转变农民传统的环境道德观念，增强农民的生态意识。

4. 建立生态村奖励体制，提高农民积极性

对已经达到标准的生态村可采取经济上奖励或政策上优惠的措施，以此提高农民建设生态村的积极性。

5. 开展农村人居环境综合整治

通过综合整治环境卫生，宣传健康环保理念，使群众卫生意识明显提高，解决农村环境卫生突出问题，进一步完善环境卫生基础设施，基本建立环境卫生长效管理体制。农村环境综合整治的主要任务是：清理垃圾，建立垃圾管理制度；清理粪便，建立人畜粪便管理制度；清理秸秆，建立秸秆综合利用制度；清理河道，建立水面管护制度；清理工业污染源，建立稳定达标制度；清理乱搭乱建，建立村庄容貌管理制度。

第九章　村镇生态文化体系建设

第一节　村镇生态文化体系研究

一、生态文化的内涵

（一）生态文化的概念

文化是人类对自然（包括人类自身）的改变。广义的文化是人对世界的非自然化，狭义的文化是人类对自身的非自然化。文化可分为物质文化、精神文化和行为文化三个层次。物质文化是指第一性生产（农、牧、渔业）的生产形式、传统工艺、作物、畜牧产品、初级制成品、建筑等；精神文化即文学艺术风格、宗教信仰等；行为文化即饮食文化、服饰文化、居住文化、生活习俗、礼仪方式等（白光润，2003）。凡是人对自然的改变都是文化，这种改变有可能是正向的也可能是负向的，因而文化可以有不同的价值判断。但文化又具有多元性，不同民族、不同国家的文化有很大差别，不可否认这些差别存在着发展进步程度上的差别，但主要是性质上的差别、表现形式上的差别，即横向上的差异。

工业革命以来的文化，以人类中心主义为指导，是人统治和主宰自然的生存方式。在这样的价值观的引导下，人类将大自然作为索取资源的仓库以及排放废弃物的垃圾场，其结果是造成以环境污染、生态破坏与资源短缺为表现的自然价值的严重透支，以全球性问题的形式表出现严重的生态危机，引发一个大变革时代的到来——生态文化是 21 世纪人类克服生存危机的新的文化选择（余谋昌，2005）。

生态文化是从人统治自然的文化，过渡到人与自然和谐发展的文化。从狭义理解，生态文化是以生态价值观为指导的社会意识形态、人类精神和社会制度；从广义理解，生态文化是人类新的生存方式，即人与自然和谐发展的生存方式。

（二）生态文化的含义

生态文化作为一种新的文化选择，表现在文化的三个层次上。

1. 生态文化的制度层次

生态文化通过社会关系和社会体制变革，改革和完善社会制度和规范，按照公平和平等的原则建立新的人类社会共同体，以及人与自然界的伙伴共同体。这要求改变传统社会的不具有公平调节社会利益、不具有自觉环境保护机制的社会性质，使公正和平等的原则制度化、环境保护和生态保护制度化，使社会具有自觉的保护所有公民利益、自觉的保护环境与生态的机制，实现社会的全面进步。

2. 生态文化的精神层次

生态文化走出了人类中心主义，是按照“人与自然和谐”的价值观，建设“尊重自然”的文化，实践精神领域的一系列转变。

（1）科学转变。使科学技术向着有利于“人—社会—自然”复合生态系统健全的方向发展，为人类可持续发展提供指导思想、适用技术和具体途径，实现科学技术发展的生态化。

（2）经济学转变。确立“自然价值”概念，重新构建经济学体系的理论、概念和框架，构建国民经济体系的理论与实践，建设可持续发展经济。

（3）伦理学转变。将道德对象的范围从人与人的关系领域，扩展至人与自然的关系领域，尊重所有生命和自然界的价值和生存权利，促进人类道德进步与成熟。

（4）哲学转变。通过提出区别于传统哲学的生态本体论、生态认识论、生态学方法论和生态价值论，形成一种新的世界观和价值观，为可持续发展提供哲学解释，从而为实施可持续发展战略提供理论支持和哲学基础。

3. 生态文化的物质层次

生态文化摒弃了掠夺自然的生产方式和生活方式，创造新的技术形式和能源形式，采用生态技术和生态工艺应用于社会物质生产，通过物质和能量多层次分级利用或循环使用，实现废物最少化与资源多价值的开发利用。

二、村镇生态文化的研究内容

（一）村镇生态文化体系

村镇作为行政管理与国民经济的最基层单位，是市县生态文化建设的微观基础，也是地市生态文化建设的重要环节和关键任务，村镇生态文化的建设就是通过人的世界观、价值观和思维方式的生态化转变，变革村镇经济领域的生产、生活、消费、贸易方式，传播生态文化和形成良好风尚的村镇生态文明建设路径与措施，创新村镇政治领域权力运作方式，多层次、多角度地推动村镇与区域和谐社会的建设。

（1）村镇生态文化的物质层次建设：根据区域地方自然环境特色，以及经济社会与自然生态平衡发展、可持续发展的内在要求，形成与生态相协调的生产生活与消费方式，进行与环境相协调的经济建设和环境建设。如村镇资源的科学开发与高效节约利用、生态农业、无废料循环生态工业等产业生态建设、村镇生态环境的综合保护和治理、生态乡县市甚至生态省等区域生态建设等。

（2）村镇生态文化的精神层次建设：首先是生态理念的全新确立，通过培育生态道德意识，倡导生态伦理，提倡生态正义和生态义务，使公众形成尊重自然、认知自然价值的取向，建立人自身全面发展的文化与氛围，在更高层次上促进资源节约型、环境友好型社会建设，实现人与自然、环境与经济、人与社会的协调发展。

（2）村镇生态文化的制度层次建设：在生态价值观念指导下人类实际行为规范的建立，需要政策引导和法律规范。要求村镇区域的各级政府从实现人与自然的协调关系出发，建立健全包括村镇生态法制和规范、生态补偿机制、绩效考评体系等决策机制与法制体系，并通过政策手段引导和规范公众的生产、消费与环境行为。

（二）村镇生态文化建设的内容

从外延上看，村镇生态文化建设的指向覆盖了政治、经济、文化、社会领域，并在村镇经济社会各个领域中发挥引领和约束作用。本书中研究的支撑村镇发展的生态文化建设是在村镇区域范围内主要从生态意识文明、生态法制文明和生态行为文明三方面内涵出发，并主要包括以下几个方面的内容。

1. 村镇生态决策文化建设

体制文化的落后体现在环境与资源的成本没有纳入经济核算中、公众对环境的知情权和民主参与环境监督的权利未充分实现等方面，为此必须从组织机构、管理机制、决策机制、监督机制等方面，建设政府绿色政务。具体包括建立生态村、生态县建设领导小组，全面负责领导和决策，下设办公室负责协调、处理具体问题与项目管理和监督，并同各单位间加强配合与协调。开展绿色机关政府建设，推行绿色办公，提高各级政府公务人员生态环境保护意识。完善生态决策机制，严格执行环境影响评价制度。健全执法机构，加大执法力度，建立社会舆论监督和信息反馈机制。

2. 企业生态文化建设

改变企业的价值观念，增强其经济活动的环境成本意识，规范其生产行为，引导社会生产向生态产品、生态包装、生态管理、生态营销方向发展，从而减少生产、管理、流通过程中带来的环境污染、资源压力，鼓励产品及包装材料的回收利用。企业内部文化氛围与形象方面同样需要注意绿色企业的建设。

3. 社区生态文化建设

建立城镇社区与农村社区生态文化教育网络和制度，加强环境伦理道德教育，注重公众参与社区生态管理，倡导资源节约、环境友好、可持续消费的生活方式，营造全社区关心、支持、参与生态环境保护的文化氛围，提高居民保护环境的自觉性。

4. 生态文化遗产保护

生态文化资源是现代文化发展的环境和汲取营养的源泉，也是重要的旅游资源，是当前日益强劲的发展生态旅游、文化旅游的基础条件和资源支持，对生态文化资源的发现、抢救、整理和开发也是村镇生态文化建设的重要课题。

三、村镇生态文化体系的建设目标

生态文化是人与环境和谐共处、持久生存、稳定发展的文化，是物质文明和精神文明在自然与社会关系上的具体表现，是一个地区生态建设作用力的源泉。村镇生态文化体系建设的主要目的是建立完善的法规体系和健全的管理体制，普及生态科学知识和生态教育，培育和引导生态导向的生产方式和消费行为，形成提倡节约和保护环境的社会价值观念，塑造一类新型的决策文化、企业文化和社区文化，继承并发扬传统文化，并由以上要素共同构建组成尊重自然、体制合理、社会和谐的区域生态文化体系，为村镇及村镇生态环境建设与发展提供文化支撑。

以下以溧水为实例，建立村镇生态文化体系。在生态意识层面，树立正确对待生态问题的生态文明观和生态文明意识，并以其为指导思想，将这一进步的生态观念形态体现在制度与行为层面。制度表现为生态制度、政策法规的制定与体系的健全和完善；行为表现为公众在生产生活实践中推动生态文化进步和发展的活动，包括清洁生产、循环经济、环保产业、绿化建设以及一切具有生态文明意义的参与和管理活动，同时还包括人们的生态意识和行为能力的培育。

第二节　村镇生态决策文化建设

生态决策文化建设要从完善地方法规体系和管理体系入手，使决策体制符合生态文化的导向，遵守“人与自然共生”的基本法则。

一、革新村镇决策观念

村镇生态建设中只有环保宣传是不够的，还应重点加强生态城市的意识宣传，特别要使领导决策层的观念转变过来，使从行政命令为主导的环境管理转变到以法律和经济手段为主导的环境管理；管理体制也应进行相应改革，其重点是遏制部门利益主体化倾向，培育企业的自治机制。政府的责任是规范市场，对服务机构进行资格认定，进行有效的监督，逐步把现有产业调整、改造、发展和提升为生态产业，努力提高生态经济（绿色 GDP）在国民经济中的份额。

二、形成生态文化制度化机制

制定并实施一系列推进城市生态环境建设与经营的政策和法规，通过城市污染治理和公共生态环境建设，塑造溧水生态县的新品牌和公众形象，改善与优化投资环境和企业经营环境，促进企业生态文化的孵化与形成。

三、建立健全生态化法规体系

建立科学决策机制，完善并坚持推行生态环境影响评价制度，建立并积极推行重大决策的生态环境听证制度。政府要制定相应的经济激励政策鼓励企业创造条件，积极申请 ISO14000 标准认证，以此作为企业生态文化的基础。建立适应村镇生态环境支撑系统建设的法规综合体系，使村镇生态环境支撑系统的建设法律化、制度化，这是保证其战略、政策和措施顺利实施的有效途径，使生态城市建设得到法律保障，有法可依，对不符合生态城市建设的行为就可采取必要的行政、经济甚至法律手段，保证计划的顺利实施。

第三节　企业生态文化建设

积极倡导建立以生态文化和中国传统文化精髓为核心的企业文化，切实加强企业生态化观念，从根本上保证环境管理体系的顺利实施和推进。企业生态文化建设要从以下几个方面入手。

1. 强化企业环保意识

制定高标准的环境质量标准，提高企业发展的环境准入条件，增强企业经济活动环境成本意识。制定出台鼓励发展、限制发展和禁止发展的主要产业及项目指南。

2. 促进企业生态化升级

制定分层次的系列优惠政策，如土地、金融、价格、税收、外贸、劳动等类别，引导和促进企业生产方式的转变；把产业升级的立足点向资源保护、环境优化、生态建设转移，逐步实现由劳动密集型、低技术的物质经济向高技术的信息经济转化。今后溧水综合开发区的新上项目应注重生态效益，研制、开发生态技术，引进高科技电子、生物医药、精密制造业等轻污染或无污染、低能耗、高效益的高科技项目；推广生态产业，保证发展过程低（无）污、低（无）废、低耗，提高资源循环利用率，逐步走上清洁生产、绿色消费之路。这是实现企业生态化的基础。

3. 培育与发展企业生态文化的价值观念

确立“资源友好、资源高效、系统和谐、社会融洽”的企业生态文化价值观念，一方面可以在企业内部开展关于生态文化价值观的讨论；另一方面可以在企业外部发动社会力量，公开向社会进行企业生态文化价值观念的“招标”或“征集”。这样既树立了绿色企业的公众形象，又使企业生态文化的价值观念易于被员工认可并自觉遵守。

4. 加强企业生态文化教育

建立企业生态文化的教育与培训制度，培育与确立企业员工的环境伦理与生态意识并化为行为准则，可以通过制定《员工手册》或《企业规章》来具体体现，把生态行为准则纳入员工考核的指标，作为奖惩的依据。

第四节　社区生态文化建设

社区是具有某种互动关系和共同文化维系的，在一定领域内相互关联的人群形成的共同体及其活动区域。早在社会学者形成社区这一概念之前，社区这种人类社会生活的重要现象就已存在。人类总是合群而居的，人类社会群体的活动离不开一定的地理区域，具有一定地域的社区就是社会群体聚居、活动的场所。从这个意义上说，社区是农业发展的产物，随着农业的兴起，从事农业生产的人口需要定居于某个地区，于是出现了村庄这样一种社区。随着社会经济、政治、文化的发展，在广大乡村社区之间又出现了城镇社区。自工业革命以来，人类社区进入了都市化的过程，不但城市社区的数量日益增多，而且城市社区的经济基础与结构功能都不同于以往的社区，其规模日益扩大，出现了许多大城市、大都会社区。

社区生态文化建设应基于村镇的区域性，综合考虑城镇社区与农村社区的生态文化建设，在传统社区构建的基础上以培育生态文化为出发点，构建文明社区，将生态学、生态经济学的原理贯穿到社区建设过程中，以人为本，建立人与自然和谐共存的团体，促进城乡居民传统行为方式及价值观念向环境友好、资源高效、系统和谐、社会融洽的生态文化转型，形成以生态文化为特色的生态社区。

一、城镇社区生态文化建设

溧水居民社区可分为已建小区和新建小区两种类型，社区生态文化建设可与文明社区创建工作有机结合；制定创建规划，实行目标责任管理制。以人为本，邻里和睦，人与自然和谐共处。建立社区生态文化教育网络和制度，注重公众参与社区生态管理，倡导节能、节水、生活俭朴、环境友好。加强环境伦理道德教育，包括社会公德、职业道德、家庭美德、个人修养等，形成民风淳朴、敬业守法、珍惜文物、呵护自然等深厚的历史文化底蕴与时代精神交融的溧水生态文明新貌。

二、农村社区生态文化建设

为丰富农村群众的业余文化生活，提高农民群众的各项素质，建设一批富有传统特色和时代特征、积极向上的村落文化项目，培育一批个人素质好、示范带动强的村落文化带头人。按照文化中心镇、文化中心村、文化中心户三级联动的思路，全方位推进农村文化阵地。经常性地开展村落民间艺术大展演、村落文化研讨会、民间收藏品展览等活动。扬弃村规民约，建设民主管理和公众参与机制，培育团结互助、文明和谐的社区精神，发扬尊老爱幼、家庭和睦的传统美德，形成关心集体、关怀他人、健康生活、讲究卫生和爱护花草的村庄新风尚。

三、社区生态文化建设措施

生态社区的核心就是要培育和建设社区生态文化，以培育生态文化为出发点，构建文明社区。社区生态文化建设可从以下几个方面入手。

1. 制定社区生态教育网络和制度

利用灵活多样的教育形式，在社区居民中广泛开展旨在普及可持续发展意识和生态学知识的宣传教育活动，以培养社区居民形成人与自然和谐共生的生态意识，促进社区居民传统价值观念的转型，注重社区公众参与。同时规定社区公众参与生态建设的义务，如植树节义务植树活动、世界环境日的义务环保活动等。对于社区生态管理涉及公众的内容和项目，更应强调广泛发动、宣传、教育公众参与。

2. 大力倡导绿色消费

一是节约资源，减少污染。即从源头上控制资源的消耗，提高资源利用效率。二是绿色生活，环保选购。即用对环境有利的绿色产品去替代高污染高消耗的消费品。三是重复使用，多次利用。即通过出门自备可重复使用的购物袋、牙刷等，以拒绝滥用不可降解的塑料制品及减少“一次性使用”给环境所造成的灾难。四是分类回收，循环再生。可以通过分类回收体系使垃圾重新利用，让使用和购买再生品成为一种社会风气。五是保护自然，万物共存。即从改变每个人的生活方式入手，减少对其他生态系统成员的损害，保护生物多样性和生态系统的完整协调。

3. 实施全民生态教育

重点抓好四个方面的主题教育：一是生态警示教育，主要结合溧水目前实际存在的生态环境问题，向公众宣讲溧水生态环境污染状况及解决措施，有针对性地进行生态警示教育；二是生态保护教育，主要以循环经济和生态工业、生态设计等为指导，对公众进行以农业生态环境保护与生态农业、旅游环境保护与生态旅游、工业生态与循环经济为主要内容的生态环境保护教育，全面提升公众的环境保护意识；三是绿色消费教育，向公众全面介绍健康、绿色消费的有关知识，主要讲清环境友好产品的种类和差别、绿色标志产品对生态环境保护的意义、食品安全的重要性和安全食品的种类，引导群众进行绿色消费，促进环境友好产品的全面发展；四是生态文明教育，主要向公众全面宣传21世纪的文明——生态文明，使公众认清人类文明从农业文明到工业文明，再到生态文明的发展历程及其历史必然性。

第五节　生态文化遗产保护

一、保护历史遗迹

溧水历史悠久，文物较多，有国家级文物保护单位1处，省级文物保护单位4处，市级文物保护单位10处，县级文物保护单位2处（表9-1）。溧水随着社会经济的发展，交通条件不断改善和生态县建设步伐的加快，以及城镇和生态示范区环境及自然风景优美，已成为周末休闲度假、旅游的好地方。“十一五”期间，溧水县委、县政府加快了旅游业设施建设步伐，投资300万元修建并完善了明代胭脂河与天生桥、永寿寺塔、宋瑛墓、长乐桥等名胜古迹。每年接纳游客50万人次。

历史文化遗迹是溧水生态文化内涵的载体，是溧水县域竞争力的基本要素之一（图9-1）。要保护古桥、古墓、古寺及名人史迹等历史遗迹，重点保护胭脂河与天生桥、蒲塘桥、永寿寺塔等省级历史文化遗迹，确保这些宝贵的遗产在旅游开发中不被破坏。另外，也需要以“按原状修缮”的原则，修缮或修复一批街巷民居、楼台庙宇、古典园林等历史建筑。

表 9-1　溧水文物保护重点单位统计表

级别	编号	名称	年代	所在地
国家级	1	蒲塘桥	明代	洪蓝镇、蒲塘老镇
省级	1	永寿寺塔	明代	永阳镇
	2	胭脂河与天生桥	明代	永阳镇、洪蓝镇
	3	宋瑛墓	明代	柘塘镇、乌山集镇
	4	长乐桥	宋代	东屏镇、群力集镇
市级	1	洪蓝芮氏祠堂	清代	洪蓝镇
	2	石湫魏氏宗祠	清代	石湫镇
	3	和凤杨氏宗祠	清代	和凤镇
	4	和凤诸氏宗祠	清代	和凤镇
	5	晶桥刘氏宗祠	明代	晶桥镇
	6	无想寺摩崖石刻	明代	洪蓝镇
	7	秋湖山古采石场	明代	永阳镇
	8	谢氏宗祠	清代	柘塘镇
	9	黄家古井	宋代	和凤镇
	10	溧水大金山抗日根据地遗址	民国	东屏镇
县级	1	神仙洞	约 11000 年前	白马镇
	2	回峰山反顽战役阵亡将士纪念塔	近代	白马镇

二、传承历史文化

传承吴越文明，凸显溧水的“吴越古县”历史文脉，保护并利用好各种文化资源，营造浓厚的文化气息；继承发扬特色民间艺术，保护无想佛文化等宗教文化，建设民俗文化体验博物馆；秦淮河是南京的母亲河，寄托着南京人丰厚的感情，要承接和发扬“百里秦淮”文化，挖掘秦淮源头天生桥和胭脂河所蕴含的底蕴，重视河道水体所承载的“水文化”传统，恢复或营造沿河文化走廊。

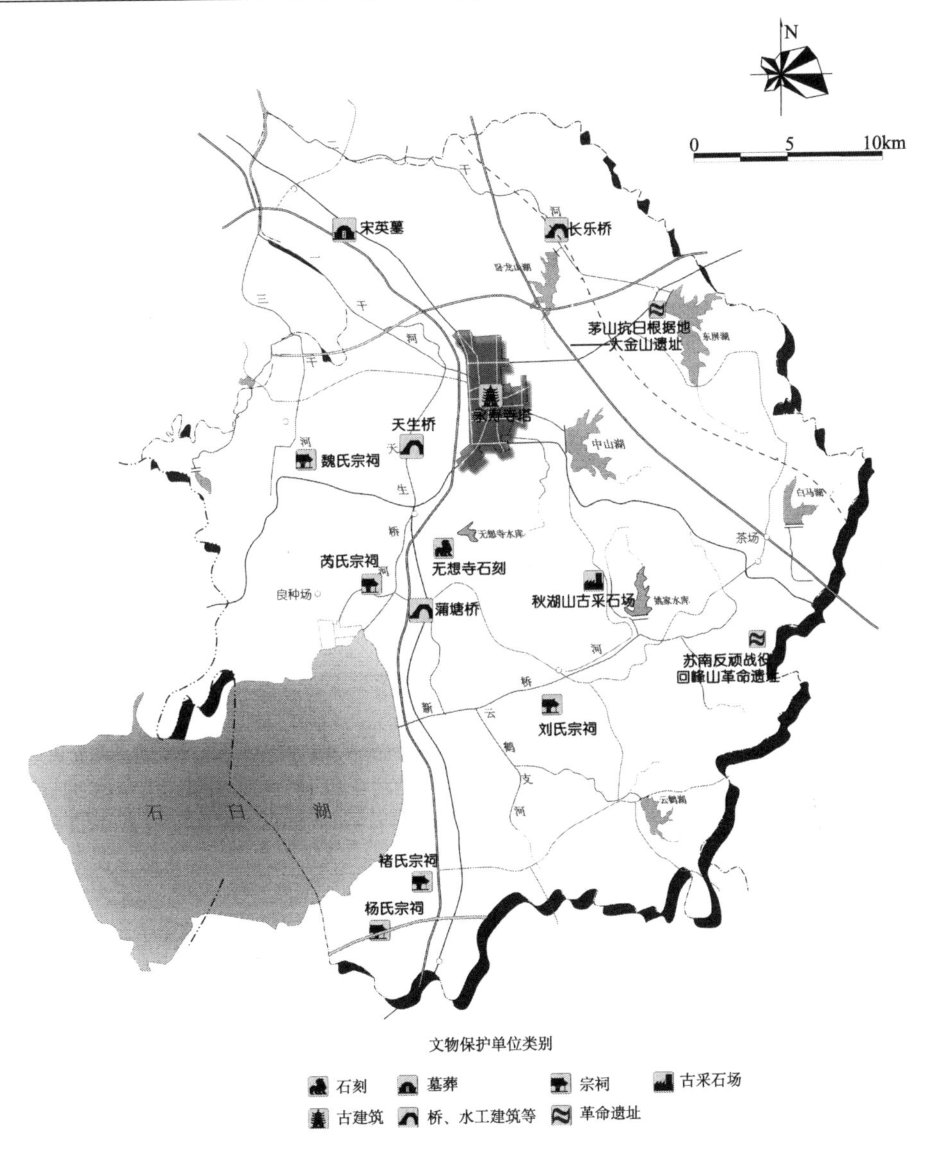

图 9-1　溧水重要文物古迹分布

第十章　村镇生态环境政策制度保障

第一节　村镇生态环境政策制度

一、村镇生态环境政策制度的概念

（一）政策与制度的内涵

政策与制度都是调节人类社会关系、规范人类社会行为活动的重要工具和手段，是人类社会发展的助动器。

1. 政策

政策是国家机关、政党及其他政治团体在特定时期为实现或服务于一定社会政治、经济、文化目标所采取的政治行为或规定的行为准则。一个完整的政策过程，除了科学合理地制定和有效执行外，还需要对政策执行过程和执行效果进行判断与评价，以确定政策的价值（陈振明，1998）。简言之，政策是由特定主体为解决一定时期社会公共问题而规定的行动准则或行为方向，从主体来看，特定主体既表明并非所有个体或团体均能进入政策过程，也表明政策主体是动态发展的；从政策的目的来看，政策总是为解决社会公共问题而存在的，可以是社会价值的分配、协调或创造；从政策的实施来看，政策既具有强制性规范作用这刚性的一面，也具备非强制性自愿导向功能这柔性的一面。

从大尺度环境科学角度来看，政策始终是生态环境建设的主导。政策的激励机制与约束机制是调节生态环境与经济发展的最重要手段，是生态环境演替的首要制约因素之一。生态政策的基本思想即利用政府的行政管理能力、利用市场机制和利用经济增长机遇造福环境，其制定的原则如下：

（1）前瞻性与战略性。这是生态政策得以实施的前提和基础，前瞻性主要考虑社会系统的不断改进与完善作用于自然系统所带来的不兼容与破坏性；战略性着眼于生态系统的复杂性与自洽性。

（2）连贯性原则。生态系统内部复杂的作用机制与内在联系要求生态政策必须具有连贯性，一方面政策的影响具有时滞性与惯性，另一方面由于政策通过社会生态系统内人们的预期反应作用于生态系统，政策的预期也是需要考虑的关键因素。

（3）可操作性。政策的效果只有在实施中才能体现，且生态政策所调整的对象是社会系统中利益相关者的行为，政策的制定需要寻求中央政府、地方政府、企业、居民间的利益平衡。

2. 制度

制度通过提供一系列规则，界定人们的选择空间，约束人们之间的相互关系，从而减少环境中的不确定性、减少交易费用、保护产权、促进生产性活动（卢现祥，1996）。制度构成了人们在政治、经济和社会等方面发生交换的激励结构，是人们观念的体现以及在特定利益格局下公共选择的结果。利益是制度维系的最基本动因，制度存在的理论基础即在于人类自身行为及生存环境的特点。制度分析试图理解政府的作用以及政治制度在政策形成、实施和经济绩效中的作用（卢现祥和朱巧玲，2007）。

新制度经济学认为，制度提供的一系列规则由三部分组成：国家规定的正式制度、社会认可的非正式制度与制度的实施机制。

（1）正式制度：是人们有意识建立起来的并以正式方式加以确定的各种制度安排，包括政治规则、经济规则和契约，以及由这一系列的规则构成的一种等级结构，从宪法到成文法和不成文法，到特殊的细则，最后到个别契约，它们共同约束着人们的行为。

（2）非正式制度：指人们在长期的社会生活中逐步形成的习惯习俗、伦理道德、文化传统、价值观念及意识形态等对人们行为产生非正式约束的规则。

（3）制度的实施机制：即执行机制，在现实中制度的实施几乎总是由第三方进行。离开了实施机制，任何制度尤其是正式制度就形同虚设。检验一个国家的制度实施机制是否有效（或者是否具有强制性）主要看违约成本的高低（卢现祥，2004）。

（二）生态环境政策制度与村镇生态建设

生态环境政策是服务于生态环境建设与管理的一系列谋略、法令、措施、办法和条例的总称，主要通过生态项目建设的形式来实现。生态环境制度是指以生态环境的保护和建设为中心，调整人与生态环境关系的制度规范的总称。由于自然资源的公共性与正负外部性的特征，以及企业利益最大化的决策准则，生态问题的解决必须有政策的扶持与制度的保障。生态环境政策制度是把生态理念纳入发展制度体系的必然要求，是生态建设的重要内容、制度基础和有力保障，是生态环境保护制度规范建设的积极成果。

（1）生态环境政策制度有利于实现村镇生态建设的发展目标。

生态环境问题的解决特别需要有政治关注和制度支撑发挥其应有的基础和保障作用，离开政治的参与，不被组织在制度框架内，问题本身难以得到根本解决。生态环境政策制度为实现村镇生态建设的目标提供手段和方法，它将使村镇生态建设方面的措施和管理更加合理、更加完善。

（2）生态环境政策制度为村镇生态建设提供标准，保证村镇生态建设有章可循、有法可依。

生态环境政策制度就是要制定出科学合理的、符合生态文明的制度和法律法规，它包含保护国土、保护耕地、保护水源、管理排污、资源有偿使用、资源循环利用、资源再生、生态补偿、责任追究和依法惩治破坏环境行为等内容。政策与法律的完善与否，决定了生态村镇建设的成败，或者事半功倍，或者半途而废。

（3）生态环境政策制度在村镇生态建设中能有效发挥约束和监督作用。

生态环境政策制度在村镇生态建设中具有强有力的规范性和约束力量，村镇生态建设需要政策的正确导向，需要法律的有效监督，需要对政策负责、对法律负责，从而维护政策的权威性和法律的严肃性。政策和法律的约束和监督作用还体现在能够纠正生态村镇建设中存在的问题，避免建设中的偏差。缺乏相应的政策和法律，生态村镇建设必然呈现混乱无序的状态。

建设生态村镇，必须建立系统完整的生态环境制度体系，基本形成源头预防、过程控制、损害赔偿、责任追究的生态环境政策体系，自然资源资产产权和用途管制、生态保护红线、生态保护补偿、生态环境保护管理体制等关键制度建设要取得决定性成果。

二、村镇生态环境政策制度保障的研究内容

1. 建立健全法律制度，强化保障体系

要求区域各级政府以人与自然的协调关系来制定法律、政策与规章制度，将生态环境保护与建设理念体现在各项法规与政策制度当中；制定并完善农村生态建设的法律法规体系，建立健全促进村镇区域生态环境保护与资源节约的价格、税收、信贷、贸易、土地和政府采购等政策体系，将生态村镇建设置于法律法规的严格监督之中；建立与市场经济相适应的生态资源管理制度和生态行政管理体制，建立保护生态环境的经济调节制度，如税费激励政策等。

2. 理顺管理机制，建立监管制度

建立责任明确的管理主体，负责村镇生态环境的保护、监督和管理工作；针对“统管与分管相结合”的管理体制，建立多部门协调工作机制；建立分权化的管理环境，促进公民的政治参与；建立监督协调体制，实现政府管理的整合，形成村镇生态建设与保护的合力；实行符合生态理念的政绩考评标准与办法，建立地区资源节约和生态环境保护绩效评价体系。

3. 拓宽资金来源渠道，建立资金保障制度

建立支持绿色发展公共财政支持机制，确定用于村镇生态建设的保护资金占当地年度财政支出的比例，明确资金的用途，做好财政预算；建立多元化的保护资金的筹措途径，尝试多渠道、多层次的资金筹措和有效利用，如贷款、社会融资等形式，以弥补国家财政投入的不足；建立村镇生态建设资金的管理及运作保护机制，设立专门的资金管理机构来制定资金的运作方案与使用，并接受监督。

4. 鼓励引导非正式制度的形成

发挥乡规民约和村民自治的作用，将生态意识融入乡规民约，起到引导、督促乡民生态意识与行为的建立和维护村镇公共生态环境利益的作用；同时，在村镇生态建设与保护中，可鼓励村民委员会充当民间保护团体，起到领导、监督和管理当地村民进行生态环境保护的作用。此外，鼓励生态保护组织、基金会等团体在村镇生态建设与保护中发挥的积极作用，促进民间保护力量的成长。

以下以溧水为实例，从溧水实际出发，分步、适时研究制定村镇生态环境政策制度保障体系的建设工作，并确定两大工作重点，一是不断完善生态建设与保护的政策体系，健全制定环境综合整治、发展循环经济、实施清洁生产、资源综合利用、水土资源保护等方面的政策文件；二是建立健全村镇资源节约和生态环境保护工作的绩效评价体系与奖惩制度，将村镇生态环境支撑系统建设工作纳入依法管理的轨道。

第二节　健全村镇生态环境保护与建设政策体系

制度学派认为，制度是由人类设计和制定的，它的重要功能是人类交换（包括政治、社会、经济）活动提供激励机制。因此，使生态与经济协调发展的制度安排必须提供这种激励和约束机制。由于外部性的原因，单个企业不可能承担它所引起的环境污染的全部成本，同时它也不能获得自己改善环境进行投资所得到的全部收益。如果没有政府的干预，外部性导致的市场失误会使企业宁愿产生更多的环境污染而不愿意投资改善环境，生态环境保护的成本与收益的不对称性使传统经济分析方法失灵。克服成本与收益的不对称性，消除个人收益和社会收益、个人成本与社会成本的不一致性是建立能使生态与经济协调发展的制度安排的关键。政府可以通过责、权、利的界定，使外部问题内部化；以将环境污染的成本和环境改善的收益引入企业总成本和总收益的方法来提高企业改善环境的推动力，这需要建立反映生态环境状态的价格体系。另外，政府也可以通过制定法规，防止企业在生产过程中造成环境污染，建立生态破坏限期治理制度；制定生态恢复治理检验或验收标准，坚决贯彻开发利用与保护环境并重和“谁开发谁保护、谁破坏谁治理、谁利用谁补偿”的方针，将行政手段与经济手段、政府干预与市场机制结合起来，协调经济发展与生态环境的关系。

一、建立多元化投融资机制

村镇生态环境支持系统建设是一项系统工程，任务艰巨，投资额大，必须坚持走多渠道、多层次、多方位的筹资新路子。根据“政府宏观调控与社会共同参与”的方针，溧水应全面动员全社会力量，实行政府、集体、个人三方面结合政策，鼓励多方投资，提高资金利用率，尽可能地将生态建设各子项目按照市场进行运作，吸引社会力量及资金来参与实施，以确保村镇生态环境支撑系统建设规划中各项建设任务的资金得以落实。

1. 统筹安排村镇生态环境支撑系统建设资金，加大财政资金的投入力度

生态建设的许多工程属公益性项目，国家以及各级政府是建设的投资主体。可根据项目的性质，按照建立公共财政的要求，把村镇生态环境支撑系统建设资金纳入各级政府年度财政预算，重点保证城乡环境基础设施、重要生态功能区和生态多样性保护等社会公益型生态项目建设资金的投入，并积极争取上级的资金支持，如污水处理厂国债项目、有机农业转换补偿、生态农业的示范经费补助、生态公益林补助等。

2. 推动村镇生态环境支撑系统建设项目社会化运作，多渠道筹措建设资金

建立溧水村镇生态环境支撑系统建设基金，多渠道解决基金来源，并制定基金管理办法，科学、规范运作。发挥政府资金投入的引导作用，采取财政贴息、投资补助和安排项目前期经费等手段，支持村镇生态环境支撑系统重点建设项目，并使社会资本对生态建设投入取得合理回报，推动生态建设和环境保护项目的社会化运作。鼓励各类投资主体以各种投融资方式参与村镇生态环境支撑系统建设，实现投资主体多元化、运营主体企业化、运行管理市场化。

3. 加强生态环境项目对外合作与区域交流

采取多种手段，有针对性地面向国内外客商，推介一批有较好市场前景和回报效益的村镇生态环境支撑系统建设项目。按照区域一体化要求，加强区域性生态环境项目建设的合作，实现资源共享、优势互补和项目共建。

二、完善生态环境保护建设的引导与激励机制

认真贯彻落实国家的各项方针政策，使生态经济复合系统建设的全过程符合

国家产业政策，同时结合溧水本地实际，制定与之相配套的资金、信贷、土地税收等优惠政策，引导社会生产要素流动和产业结构、产品结构调整。除政府直接的经济支持外，要尽快制定环保融资政策，用改革的思路，市场运作的办法，多途径筹集建设资金。要降低门槛，千方百计吸引民间资金投资生态保护、效益农业、风景旅游、基础设施建设。鼓励个人和企业在污染防治、环境综合治理、生态保护等环保产业上进行投资。要大胆借鉴外地经验，积极开展环保投资市场化运作试点。同时，完善生态补偿政策，按照“谁建设、谁收益，谁破坏、谁补偿”的原则，建立生态效益补偿机制，保护经营者的合法权益，对资源受益者依法征收生态补偿费。完善价格和收费政策，引导各类相关利益主体强化节约资源、严格保护城乡生态环境，真正发挥价格机制在资源的市场供求和可持续利用等方面的调节功能。

三、实行税收调节政策

在生态环境保护领域，税收调节政策一方面可起到“经济杠杆”作用，体现在：①通过税费的减额或抵扣，带动更多的社会资金投入；②企业或个人投入生态保护的公益捐赠额可以恰当的比例从税赋中扣除或直接降低计税总额；③采取税费综合政策使低收入人群获得更多实惠，降低民间组织的营运成本；④采用特殊的增税融资方式，即通过借贷的方式筹集资金，然后对建设后因生态环境保护而受益的区域项目额外征税，以增税方式进行还贷。另一方面税收调节政策可起到“管理杠杆”作用，体现在：①通过设定不同的税费抵减额度，有利于生态环境的保护；②避免了采用层层传递的实物和资金补助所产生的环节盘剥。具体实施措施如通过实施减免税收的政策，鼓励有利于环保和循环经济建设的产业，例如对有机生物肥、生物农药生产，对作物秸秆的综合利用技术，对废物回收与利用的技术与产业等实行税收优惠，而对化肥农药采取提高地方税的形式限制买卖及使用数量。

第三节　健全村镇生态环境保护工作的绩效评价与奖惩制度

发达国家和地区的经验表明，经济发展与生态环境的协调发展靠市场机制是无法有效解决的，必须借助于政府的力量进行，政府在推进经济发展与生态环境协调发展方面扮演着重要的角色。中国的经济体制已由计划经济步入市场经济，但中国的市场经济体制不完善，必须发挥政府的宏观经济调控作用，发挥中央政府的综合调控和组织协调能力，进一步明确政府职能，加强部门之间的合作，建立部门协调的管理运行机制和反馈机制，形成经济发展与生态环境协调发展的合力。

传统公共管理以获取最大经济发展为其首要目标，很少考虑环境问题，甚至不惜以牺牲环境为代价。可持续发展要求充分考虑环境生态的价值，走技术进步、提高效益、节约资源的道路，要求公正地对待自然，科学开发，合理利用，最大限度地保持自然界的生态平衡。因此，政府应以保护环境和谐发展为目标，履行生态责任，健全生态环境保护工作的绩效评价与奖惩制度，加强政府宏观调控职能和生态环境保护职能。

中央政府的环保职能应主要定位在国家利益层次，进一步明确地方政府的具体责任，加强对地方政府履行环境职能情况的监督和考核，各级政府应就生态环境保护和建设的基本职能进行合理明确的分工，在机构设置、人员配备、经费投入等方面，为全面加强政府生态环境保护和建设职能创造条件。逐步改变目前政府有关部门分工过于分散的局面，建立一个相对集中的生态环境保护和建设的管理机构。在生态环境保护和建设的重点地区，应打破行政区划，按照自然区划建立有权威的机构。

地方政府在经济发展与生态环境协调发展中的作用也不容忽视。要规范地方政府在经济发展与生态环境协调中的权利和义务，将生态环境指标列入地方政府的政绩考核，重视地方政府参与经济发展与生态环境协调的宏观决策，充分发挥地方政府在经济发展与生态环境建设中的作用。

一、建立并试行村镇生态环境保护建设工作业绩考核制度

政绩考核标准和办法对于各级领导来说是“硬杠杆”“指挥棒”，近年国家有关部门探索、试点的绿色 GDP 核算、考核标准和办法，是一项意义重大的改革和创新。今后应进一步加大力度，尽快实行以绿色 GDP 为主要内容的核算和考评制度，建立地区资源节约和生态环境保护绩效评价体系。在实际工作中，溧水可在加大各项制度的执法力度的同时，将环境保护目标责任制作为对各地方政府的主要领导进行政绩考核的重要指标，并且实施一票否决制，这是协调经济发展与环境保护的最重要的制度保证。可对各镇（街道）、各部门在生态保护与建设中的工作绩效进行年度考核，实行绩效与奖惩相挂钩，对在开展生态保护与建设工作中取得的成绩予以相应的奖励，对不重视生态环境保护，出现严重影响生态保护与建设，甚至发生生态环境破坏事故的单位和主要领导给予必要的处分。

二、建立村镇生态环境保护与建设的行政监察制度

加强对溧水各部门和各级领导执行生态、环境、资源等法律法规情况的监督检察，督促各有关部门在进行项目引进和项目审批时，认真执行审查程序和审批程序，建立环保一票否决权制度。所有建设在建设前要做出该项目可能对环境造成的影响的科学论证和评价，提出防治方案，避免盲目建设对环境的损害，并对各项建设与管理的总体水平、实行综合整治的成效、环境质量制定量化指标进行

考核，每年评定一次。

三、建立村镇生态环境保护与建设的检查制度

建立重大项目建设的立项、建设及其运行的跟踪系统，保证重大项目对生态保护与建设的推动作用；实行定期汇报和检查制度，以便及时发现问题，进行调整。一方面既可以监督村镇生态环境保护与建设政策和项目的实施，并检验各项政策和项目的水平、质量；另一方面又是吸取经验教训，修改制定下一轮政策和项目的重要基础和依据。

四、建立村镇生态环境保护建设的公众监督制度

坚持生态建设专业队伍、社会团体及公众参与相结合，积极发动、组织和引导社会团体及公众参与生态环境保护工作，让生态保护和建设变成全体公民的自觉行动。设立生态环境投诉中心和公众举报电话，鼓励公众检举各种违反生态环境保护法律法规的行为，积极推行政府生态信息公开、企业环境行为公开等制度，扩大公民和非政府组织对生态建设和保护的知情权、参与权和监督权。

参 考 文 献

白光润. 2003. 论生态文化与生态文明[J]. 人文地理, 18(2): 75-78.
陈利顶, 傅伯杰, 赵文武. 2006. “源”“汇”景观理论及其生态学意义[J]. 生态学报, 26(5): 1444-1449.
陈振明. 1998. 政策科学[M]. 北京: 中国人民大学出版社.
程国栋. 2002. 黑河流域可持续发展的生态经济学研究[J]. 冰川冻土, 24(4): 335-343.
丹尼尔・A. 科尔曼. 2002. 生态政治——建设一个绿色社会[M]. 梅俊杰, 译. 上海: 上海译文出版社.
傅伯杰, 周国逸, 白永飞, 等. 2009. 中国主要陆地生态系统服务功能与生态安全[J]. 地球科学进展, 24(6): 571-576.
傅睿, 胡希军. 2007. 浅析我国农村生态系统与城市生态系统的对比[J]. 山西建筑, 33(14): 6-7.
郭纪光. 2009. 生态网络规划方法及实证研究——以崇明岛为例[D]. 上海: 华东师范大学.
国家环保总局. 2003.中东部地区生态功能区划方案[R].
金兆森, 陆伟刚, 等. 2010. 村镇规划[M]. 3 版. 南京: 东南大学出版社: 245-283.
金兆森, 张晖, 等. 2005. 村镇规划[M]. 2 版. 南京: 东南大学出版社.
李挚萍, 陈春生, 等. 2009. 农村环境管制与农民环境权保护[M]. 北京: 北京大学出版社.
卢现祥. 1996. 西方新制度经济学[M]. 北京: 中国发展出版社: 20.
卢现祥. 2004. 新制度经济学[M]. 武汉: 武汉大学出版社: 114-119.
卢现祥, 朱巧玲. 2007. 新制度经济学[M]. 北京: 北京大学出版社: 6.
鲁成秀. 2003. 生态工业园区规划建设理论与方法研究[D]. 长春: 东北师范大学: 2.
栾志理, 朴锺澈. 2013. 从日、韩低碳型生态城市探讨相关生态城规划实践[J]. 城市规划学刊,(2): 46-56.
欧阳志云, 王如松. 1995. 生态规划的回顾与展望[J]. 自然资源学报, 10(3): 203-215.
欧阳志云, 王如松, 赵景柱. 1999. 生态系统服务功能及其生态经济价值评价[J]. 应用生态学报, 10(5): 635-639.
钱俊生, 余谋昌. 2004. 生态哲学[M]. 北京: 中共中央党校出版社.
孙鸿良. 1993. 生态农业的理论与方法[M]. 济南: 山东科学技术出版社.
万仁新, 刘荣厚. 1991.模糊聚类方法在农村能源综合区划中的应用[J]. 农业工程学报, 7(4): 14-19.
汪孝安, 项明. 2007. 朴素的生态观[J]. 城市建筑,(4): 27-28.
王迪新. 2006. 我国农村环境保护法制建设问题研究[D]. 长春: 吉林大学.
王国栋. 2002. 地域生态经济规划原理与实证研究[D]. 长春: 东北师范大学.
王烈. 2001. 关于生态社会学学科群的划界问题[J]. 江苏市场经济, (2): 54-57.
王如松, 欧阳志云. 2012. 社会-经济-自然复合生态系统与可持续发展[J]. 中国科学院院刊, 27(3): 337-345.
王如松, 杨建新. 2000. 产业生态学和生态产业转型[J]. 世界科技研究与发展, 22(5): 24-32.

王献溥. 1978. 关于生态系统的概念及其研究的方向[J]. 环境保护,(6): 5-8.
王祥荣. 2002. 城市生态规划的概念、内涵与实证研究[J].规划师,(4): 18-23.
王亚力. 2010. 基于复合生态系统理论的生态型城市化研究[D]. 长沙: 湖南师范大学.
王玉庆. 2002. 环境经济学[M]. 北京: 中国环境科学出版社: 13-18.
吴良镛. 2001. 人居环境科学导论[M]. 北京: 中国建筑工业出版社.
肖风劲. 欧阳华. 2002. 生态系统健康及其评价指标和方法[J]. 自然资源学报, 17(2): 203-209.
徐中民. 程国栋. 2011. 生态经济研究中的整体性视角[J]. 冰川冻土, 33(3): 668-675.
于立. 2010. 国际生态城镇发展对中国的启示[J]. 建设科技,(13): 30-35.
余谋昌. 2005. 生态文化: 21 世纪人类新文化[C]//第二届中国(海南)生态文化论坛论文集.
曾鸣, 谢淑娟. 2007. 中国农村环境问题研究[M]. 北京: 经济管理出版社.
郑易生. 2002. 环境污染转移现象对社会经济的影响[J]. 中国农村经济,(2): 68-75.
周启星, 王如松. 1997. 乡村城镇化水污染的生态风险及背景警戒值的研究[J]. 应用生态学报, 8(3): 309-313.
朱启臻. 2000. 农民环境意识的问题与对策[J]. 世界环境,(4): 24-26.
Ahern J. 1995. Greenways as a planning strategy[J]. Landscape and Urban Planning, 33(1-3): 131-155.
CPRE. 2008. Eco-towns: Living A Greener Future. DCLG consultation paper.
Doxiadis C A. 1970. Ekistics, the science of human settlements: Ekistics starts with the premise that human settlements are susceptible of systematic investigation[J]. Science, 170(3956): 393-404.
Gaffron P, Huismanns G, Skala F. 2005. Ecocity Book I: A Better Place to Live[M]. Vienna, Hamburg: Facultas Verlags- und Buchhandels AG.
Haughton G, Hunter C. 1994. Sustainable Cities[M]. London: Jessica Kingsley Publishers: 40-60.
Hay K G. 1991. Greenways and Biodiversity[M]// Hudson W E. Landscape Linkages and Biodiversity. Washington D C: Island Press: 162-175.
Little C E. 1990. Greenways for America[M]. Baltimore: Johns Hopkins University Press: 7-20.
Ravetz J. 2000. Integrated assessment for sustainability appraisal in cities and regions[J]. Environmental Impact Assessment Review, 20(1): 31-64.
Register R. 1987. Ecocity Berkeley: Building Cities for a Healthy Future[M]. CA: North Atlantic Books, 13-43.
Register R. 1994. Eco-cities: rebuilding civilization, restoring nature// Aberley D. Futures by Design: The Practice of Ecological Planning[M].Canada: New Society Publishers.
Searns R M. 1995. The evolution of greenways as an adaptive urban landscape form[J]. Landscape and Urban Planning, 33(1-3): 65-80.
WCED. 1987. Our Common Future[M].Oxford: Oxford University Press.
Zhang Q, Zhu C, Liu C L, et al. 2005. Environmental change and its impacts on human settlement in the Yangtze Delta, P. R. China[J]. CATENA, 60(3): 267-277.